| 制冷设备制造安装与维修系列教材 |

家用制冷器具维修技能训练

主编 杨 丽 徐立山

中国海洋大学出版社
·青岛·

图书在版编目(CIP)数据

家用制冷器具维修技能训练 / 杨丽,徐立山主编. —青岛:中国海洋大学出版社,2014.5
制冷设备制造安装与维修系列教材 / 刘航,徐立山主编
ISBN 978-7-5670-0628-7

Ⅰ.①家… Ⅱ.①杨…②徐… Ⅲ.①日用电气器具—制冷装置—维修 Ⅳ.①TM925.07

中国版本图书馆 CIP 数据核字(2014)第 102465 号

出版发行	中国海洋大学出版社		
社　　址	青岛市香港东路23号	邮政编码	266071
出 版 人	杨立敏		
网　　址	http://www.ouc-press.com		
邮　　箱	appletjp@163.com		
订购电话	0532—82032573(传真)		
责任编辑	滕俊平	电　　话	0532—85902342
印　　制	日照日报印务中心		
版　　次	2014年5月第1版		
印　　次	2014年5月第1次印刷		
成品尺寸	185 mm×260 mm　1/16		
印　　张	8.75		
字　　数	200千		
定　　价	17.00元		

制冷设备制造安装与维修系列教材
编委会

主　编　刘　航　徐立山

副主编　肖安金　王达伟　于　群　吕长春　赵金萍

编　委　刘　航　徐立山　肖安金　王达伟　于　群
　　　　吕长春　赵金萍　杨　丽　段红梅　王宾宾
　　　　赵　飞　杨　燕　冯晓瑜

《家用制冷器具维修技能训练》编委会

主　编　杨　丽　徐立山

副主编　赵金萍　赵　飞

编　委　杨　丽　徐立山　赵金萍　赵　飞　王宾宾
　　　　段红梅　杨　燕　冯晓瑜　司仕军

主　审　徐立山

前 言

《家用制冷器具维修技能训练》是根据中职教育院校制冷设备制造安装与维修专业人才培养方案和课程标准，并参照国家职业标准中制冷设备维修工考核的有关要求，结合现代职业教育特点而编写的。全书分为两个教学部分，包括家用制冷器具维修和家用空调器维修两个方面，采用理论与实践一体化的编写模式，在详细分析家用制冷器具维修岗位实际工作的基础上，以典型的学习性工作任务为课题项目，以具体的工作过程为工作任务，以实际的工作环境为课题背景，通过任务或案例等方式将相关理论知识及方法的学习和工作任务的实施有机结合在一起，突出了对学生专业技能、职业能力的培养，体现了"科学性原则与情境性原则交叉区域开发"的现代职业教育课程观。

本书由青岛海洋高级技工学校杨丽、徐立山主编，赵金萍、赵飞副主编，教务处徐立山主任主审。

本书在编写过程中得到了制冷设备制造安装与维修专业各位老师的大力支持，他们提出了许多宝贵意见，提供了大量的教学资料，使得教材内容更加丰富、翔实，在此向他们表示衷心的感谢！

本书成书的过程中，得到了广东三向教学仪器制造公司，特别是本书的技术顾问司仕军先生的帮助与支持，在此深表感谢。

由于编者水平所限，书中不足之处在所难免，恳请广大读者批评指正。

编 者

目 录

第一部分　家用制冷器具维修

单元一　维修前准备 ··· (3)
　项目一　常用制冷维修专业工具的使用 ······································· (3)
　项目二　常用制冷专用设备及使用方法 ······································· (7)

单元二　电气系统维修 ·· (21)
　项目一　家用制冷器具电气零部件的检测与维修 ························ (21)
　项目二　典型家用制冷器具电气控制电路 ································· (44)

单元三　制冷系统维修 ·· (57)
　项目一　家用制冷器具常用制冷剂、冷冻油知识 ························ (57)
　项目二　电冰箱基本维修工艺 ··· (64)
　项目三　电冰箱常见故障分析与排除 ······································· (83)

单元四　交付使用 ··· (95)
　项目一　家用制冷器具使用知识 ··· (95)

第二部分　家用空调器维修

单元五　维修前准备 ··· (103)
　项目一　识读家用空调器接线图 ··· (103)
　项目二　家用空调器电气配线方法 ·· (113)

单元六　电气系统维修 ·· (116)
　项目一　空调器常用电气零部件的检测 ···································· (116)
　项目二　空调器常见的电气故障的检修 ···································· (125)

第一部分 家用制冷器具维修

单元一 维修前准备

项目一 常用制冷维修专业工具的使用

学习目标

1. 掌握常用制冷维修专用工具的使用方法;
2. 熟悉常用制冷维修专用工具的使用要求。

知识平台

一、割管刀

(一)割管刀的作用与结构

(1)割管刀的作用。

割管刀又称为割管器,是专门切断紫铜管、铝管等金属管的工具。割管刀割管的切割范围一般为 3~35 mm。

(2)割管刀的结构。

割管刀的结构如图 1-1 所示,由割轮、支撑滚轮、调整旋钮和刀架组成。通过转动调整旋钮,可以调整割轮和支撑滚轮的距离,以适应不同管径的铜管。

图 1-1 割管刀

(二)割管刀的使用方法

(1)将铜管放置在滚轮与割轮之间,铜管的侧壁贴紧两个滚轮的中间位置,割轮的切口与铜管垂直夹紧。

(2)转动调整旋钮,使割刀的割轮切入铜管管壁,随即均匀地将割刀整体环绕铜管旋转,直至管子割断。如图 1-2 所示。

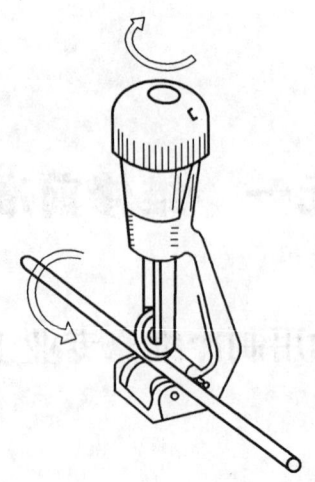

图 1-2 割管刀割管操作

(三)割管刀的使用要求

(1) 割管时不可调整旋钮过大,以防割轮压扁管子。

(2) 不可用于割钢管等硬度大的管子。

(3) 割管刀不割管时,不可用力调旋钮,使将割轮与支撑滚轮过度接触而损坏割轮。

二、弯管器

(一)弯管器的作用与结构

弯管器是专门弯曲铜管、铝管的工具,弯曲半径不应小于管径的 5 倍。弯好的管子其弯曲部位不应有凹瘪现象。弯管器的结构如图 1-3 所示,由固定杆、带导槽的固定轮和带导槽的活动杆组成。

弯管器根据导轮及导槽的大小可对不同管径铜管进行加工。弯管器与铜管相对应也有米制和英制之分,其常见的规格有米制 6 mm、8 mm、10 mm、12 mm、16 mm、19 mm;英制 1/4in、3/8in、1/2in、5/8in、3/4in。

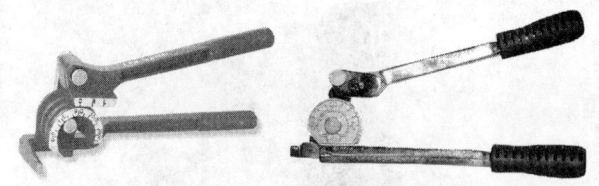

图 1-3 弯管器

(二)弯管器的使用方法

(1) 将所需加工的铜管,放置到合适的弯管器导轮槽中,并调整好位置,将活动手柄的导槽扣住所加工的管件。

(2) 慢慢旋紧活动手柄,使管件弯曲至所需角度。

(3) 松开活动手柄,将管件退出,并观察是否符合要求。

(三)弯管器的使用要求

(1) 导槽与所弯的管子管径必须一致,否则将导致管子外径变形。

(2) 弯管操作时,动作不可过急,否则易导致弯管半径中心处管子凹瘪。

三、封口钳

(一) 封口钳的作用与结构

封口钳是主要用于封闭电冰箱、空调器制冷系统修理管口的专用工具,封口钳的结构如图 1-4 所示。

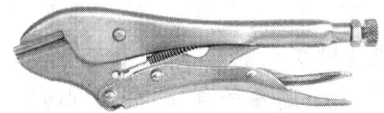

图 1-4　封口钳

(二) 封口钳的使用方法

(1) 首先根据铜管的壁厚,调节钳口间隙,并拧紧调整螺钉上的锁紧螺母。

(2) 将紫铜管夹入钳口内的中间位置,用力夹紧封口钳的两个手柄,钳口即把铜管夹扁并锁住铜管。

(3) 铜管封口后,拨动钳口开启手柄,在钳口开启弹簧的作用下,钳口会自动打开。

(三) 封口钳的使用要求

封闭紫铜管时,最好用气焊把要封闭的部位烧红冷却后再进行。使用封口钳应注意调节钳口间隙,间隙过大会封不住管道;间隙过小会夹断管子。钳口间隙一般调到略小于铜管壁厚的 2 倍。在有压力的管道进行封口时可用封口钳将管道钳两道。在封好铜管后取下封口钳,应检查夹过的管壁是否有裂纹,若有裂纹应加焊。

项目实施

U 形弯的制作

一、工作准备

(一) 制冷专用工具的准备

准备卷尺或钢板尺、割管刀、米制或英制弯管器。

(二) 材料的准备

直径为 6~14 mm 的紫铜管。

二、工作程序

(一) 割管的操作

用卷尺或钢板尺量取一定尺寸的紫铜管,并用割管刀小心割下,不可出现螺旋割纹。

(二) U 形弯的制作

(1) 在紫铜管需要弯 U 形弯的位置做上记号,选用相应尺寸导槽的弯管器并将所需加工的铜管,放置到弯管器导轮中,并调整至记号位置,将活动手柄的搭扣扣住所加工的紫铜管上。

(2) 慢慢旋紧活动手柄,使管件弯曲逐渐至 180°。

(3) 松开搭扣和活动手柄,将管件退出,并观察记号位置是否偏移,U 形弯两边是否平行。

(三) 收拾工作现场

将工具摆放整齐,剩余紫铜管摆放到架子上,清扫现场卫生。

三、注意事项

制冷专用工具的使用注意事项:

(1) 在使用各种专用工具时,应注意工具对加工对象的尺寸要求及工具的使用范围。

(2) 在操作过程中,应注意操作安全。

(3) 需用割管器切割的管子一定要平直、圆整,否则会形成螺旋切割。

(4) 使用弯管器弯管时,应注意弯管的曲率半径不小于管径的5倍,弯制过程中,要注意用力均匀,否则管子会变形或折扁。

四、评价标准

序号	考核内容	考核要点	配分	评分标准	扣分	得分
1	器具准备	按要求准备好工具	1.5	准备完全正确得1.5分,否则不得分		
2	正确制作U形弯	根据考评老师要求弯制出尺寸合适角度正确的U形弯	5	(1) U形弯角度为180°,角度不合适扣2分,合适得2分 (2) 管子无变形或折扁现象,出现变形扣1分,出现折扁扣2分,管子良好得2分 (3) 工具使用正确无误得1分,工具使用错误扣1分		
3	能正确回答老师提出的问题	正确复述U形弯的制作过程	2	复述关键点,一项错误扣0.5分,扣完2分为止		
4	安全操作	按照安全要求进行操作	1	能够按照安全操作规定进行操作得1分,否则不得分		
5	善后工作	按要求清理工作现场	0.5	善后处理及时,否则不得分		
	合计		10			

知识拓展

常用钳工工具的使用

一、钢管的锯割

(1) 用台虎钳将待割钢管固定,量取尺寸后用锯条或划针划出锯割点。

(2) 用手锯在刻痕处开始轻轻锯割,锯到有一定深度凹槽时,将钢管略微转动下方向,顺时针为佳,然后再轻锯至有凹槽。

(3) 待钢管一周都有凹槽时,就可以加大力量锯割钢管,锯开钢管约一半时,换转方向,约 90°左右再次锯管,如此反复三次,钢管便可以无参差的锯开。

二、锉刀的使用

锉刀的种类较多,制冷设备维修时常用来锉削修正零部件。划分的规格为锉面的长度值,经常使用的有 200 mm 和 250 mm 两种。

(1) 锉削中尽量保持水平运动状态,前推锉刀前刀面在工件上时,左手稍用力,右手保持平衡。

(2) 锉削到后段,则右手用力,同时左手保持平衡,然后通过观察锉削纹路来判定锉削的效果。

(3) 锉削时力量不要用得过大,否则易啃伤加工面。

项目二 常用制冷专用设备及使用方法

1. 了解常用制冷维修专用设备的结构;
2. 掌握制冷维修常用、专用设备的使用方法;
3. 熟悉制冷维修常用、专用设备的使用要求。

一、真空泵

(一) 真空泵的作用与规格

(1) 真空泵的作用:真空泵是抽取制冷系统里的气体以获得真空的专用设备。

(2) 真空泵的规格:根据《中华人民共和国机械行业标准》(JB/T7673-95)的规定,国产各种真空泵用基本型号和辅助型两部分组成,两者中间为一横线。其表达式为"123—456"。格中数字 123 表示基本型号,456 表示辅助型号。国产真空泵的型号通常以汉语拼音字母来表示。例如:X 表示旋片真空泵;W 表示往复真空泵等。

制冷常用真空泵系列的抽气速率大多以几何级数来分挡。其单位是"L/s"。共分 18 个等级,常用的真空泵多为 0.5、1、2、4、8 等几个等级。

(二) 真空泵的使用方法

(1) 用软管连接真空泵、修理表阀和制冷系统抽真空接口。

(2) 打开真空泵排气帽。

(3) 接通真空泵电源,打开真空泵电源开关。

(4) 缓慢地打开修理表阀旋钮,即可对系统进行抽真空。

(5) 观察压力表指针位置变化是否正常,抽真空至系统要求真空度。

(6) 关闭修理表阀旋钮,然后再关闭真空泵电源开关。

(三) 真空泵的使用注意事项

(1) 起动真空泵前要仔细检查各连接处是否完好。

(2) 观察油窗上的润滑油油量标志,无润滑油时不可运行真空泵。

(3) 注意泵的排气口胶塞是否打开。

(4) 对于皮带带动的真空泵,应瞬间起动真空泵,注意观察电机旋转方向是否与三角皮带轮上的箭头方向一致。

(5) 停止抽真空时要首先关闭直通阀的开关,使制冷系统与真空泵的内部分离。不使用真空泵时要用胶塞封闭进、排气口,以避免灰尘和污物进入泵内影响真空泵的内腔精度。

二、组合修理表阀

(一) 组合修理表阀的作用与组成

(1) 组合修理表阀的作用。现在在制冷行业中,使用组合修理表阀来测量制冷系统的压力与充注制冷剂、抽真空等,用途比较广泛。

(2) 组合修理表阀的组成。如图1-5所示,组合修理表阀由2个阀门、2个压力表、1个视液镜和3条不同颜色的连接软管组成,其中左侧压力表为低压真空表,右侧为高压压力表。

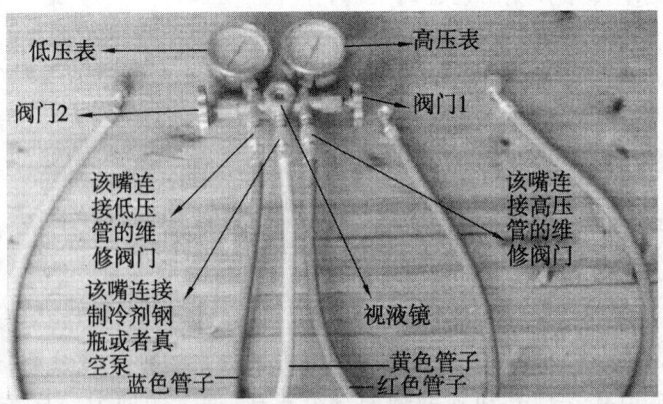

图1-5 组合修理表阀

(二) 组合修理表阀的使用方法

(1) 测量系统压力时,可同时测量系统高低压压力,用左侧蓝色管子接系统低压压力端,用右侧红色管子接系统高压压力端即可。

(2) 充注制冷剂时,如图1-6所示,将中间的黄色管子接制冷剂钢瓶,立灌法充注气体时,用左侧蓝色管子接系统低压侧接口即可;倒灌法充注液体时,用右侧红色管路接系统高压侧接口即可。

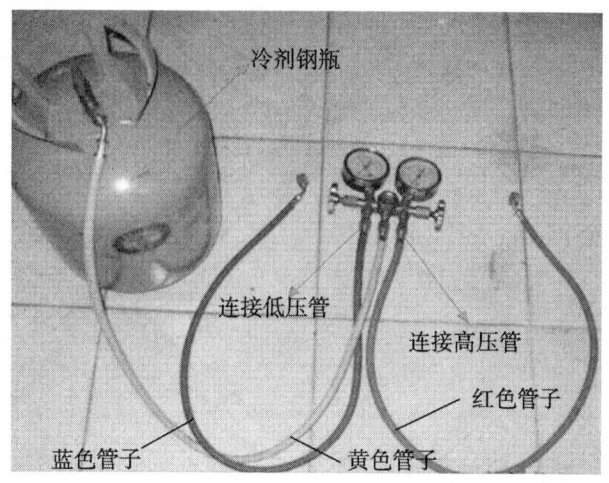

图 1-6 充注制冷剂连接法

(3) 系统抽真空时,如图 1-7 所示,将中间黄色管子接真空泵,左、右侧管路分别接系统低压、高压端口即可。

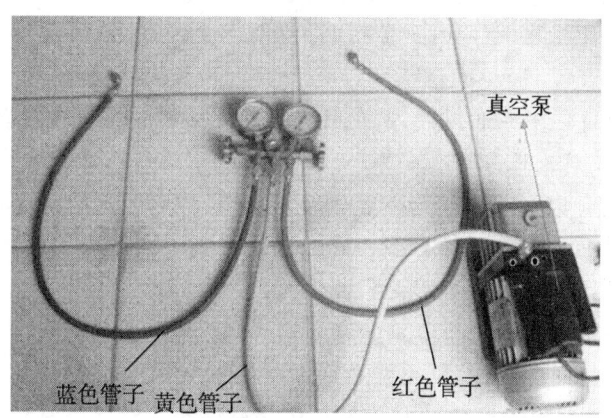

图 1-7 抽真空连接法

(三) 组合修理表阀的使用注意事项

(1) 测量系统压力时,为使关闭阀门后仍可读出系统压力,不能用中间黄色管子连接系统。

(2) 左侧压力表为真空压力表,抽真空时,应用左侧蓝色管子连接,测量高压压力时,应用右侧红色管子连接,否则将无法读出真空压力或损坏压力表。

(3) 管子连接系统、制冷剂钢瓶、真空泵等的一端为顶针式,且都有耐氟软胶垫,使用时注意检查。

三、制冷剂钢瓶

(一) 制冷剂钢瓶的作用与规格

(1) 制冷剂钢瓶的作用。

制冷剂钢瓶是储存和运输制冷剂的专用容器,属于二类低压液化气体容器。由于各种制冷剂在常温下的饱和压力不同,对钢瓶耐压程度的要求也不同。

(2) 制冷剂钢瓶的规格。

制冷剂钢瓶按其容积分多种规格,钢瓶外一般都标有制冷剂的种类和瓶重。家用制冷器具维修时常用的制冷剂钢瓶规格见表1-1。

表1-1 常用制冷剂钢瓶规格

钢瓶容积/L	外径/mm	壁厚/mm	瓶高/mm	瓶重/kg
5	141	5	445	8.7
8	141	5	665	12.4
10	141	5	815	14.9
12	141	5	960	17.3

(二) 制冷剂钢瓶的使用注意事项

(1) 不同的制冷剂应使用不同标志的固定钢瓶盛装,不可随便混装。

(2) 钢瓶中的制冷剂的存储量要根据钢瓶的容积大小来决定,不可超过规定限额,一般充装量以钢瓶容积的2/3为宜,以免遇热膨胀后压力增大而爆裂。

(3) 钢瓶口的开关阀,使用时避免磕碰,使用后关严,应经常检查钢瓶有无泄漏,避免损失制冷剂。

(4) 钢瓶应放置在阴凉通风处,避免日光暴晒。搬运时注意轻拿轻放。

(三) 常用制冷剂的简易鉴别

在维修中有两种以上制冷剂钢瓶混放后,如因某种原因不能确定制冷剂种类时,可根据制冷剂的标准蒸发温度的差异或在同一温度下其饱和压力不同的方法来加以简易鉴别。

(1) 根据标准蒸发温度进行鉴别。

取一250 mL的广口烧杯,放入装有绝热材料的盒中,将一只测温范围在 $-50 \sim 0$℃ 的温度计放入烧杯中,将钢瓶内的制冷剂液体用软管小心注入烧杯中,当烧杯中的制冷剂液体完全浸没温度计尾部后停止充注。制冷剂在大气压力下沸腾汽化,同时观察温度计测得的制冷剂蒸发温度值。当温度值下降且稳定在某一数值不再变化时,即可确定为被测制冷剂在大气压力下的沸点即标准蒸发温度。若测得温度为 -40.8℃ 左右即为R 22制冷剂,若温度为 -26.5℃ 左右则为R 134a制冷剂。

(2) 根据同一环境温度下其饱和压力不同的方法来鉴别。

将放置在一起的两个或多个盛有液体制冷剂的钢瓶分别接上压力表,测量其瓶内压力,并测量现场环境温度,根据测得的环境温度和瓶内制冷剂饱和压力,查对常用制冷剂的热力性质表,根据在同一环境温度下其饱和压力值的不同来确定制冷剂种类。

四、系统冲洗设备

(一) 系统冲洗设备的组成

家用制冷器具系统零部件及管道清洗时,一般采用如图1-8所示装置进行清洗,主要有2个阀门、1个大贮液瓶、真空泵及连接管组成,清洗液可用三氯乙烯或四氯化碳等溶剂。

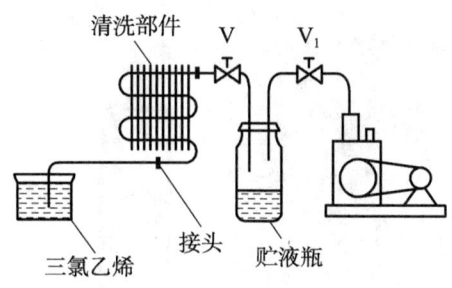

图 1-8 清洗装置

(二) 系统冲洗设备的使用方法及要求

清洗时,应先起动真空泵,打开阀 V_1,将贮液瓶抽成真空,待 3~5 min,再打开阀 V,使清洗溶液吸入待清洗零部件,10 min 左右可以将零部件管道内的杂质和油污彻底清洗干净,然后再关闭阀 V_1 和真空泵。操作时,阀 V_1 和阀 V 的连接管端口必须始终高于贮液瓶中清洗液的液面,防止脏溶液被吸入真空泵或停止真空泵后倒流回已清洗过的零部件中去。清洗过的零部件须放入烘干箱内进行干燥处理后,才可装入制冷系统中。

五、检漏设备

(一) 检漏设备的类型

检漏设备是对制冷设备进行检漏工作的必备专用工具。常用的检漏设备有卤素检漏灯和电子检漏仪。

(二) 检漏设备的使用方法及要求

(1) 卤素检漏灯。

早期使用的卤素检漏灯以酒精为燃料,现在使用的卤素检漏灯多以丁烷气体为燃料,使用起来较为方便,如图 1-9(a)所示。当卤素检漏灯点燃时,从吸气软管吸入的氟利昂气体与火焰接触时,就会分解出氟、氯元素气体,而氯气与灯内烧红的铜片接触,就会使火焰的颜色改变。火焰的颜色随氟利昂泄漏量的多少而有所不同。少量泄漏时,颜色为微绿色、淡绿色;大量泄漏时,则逐渐变为紫绿色或蓝且亮白色,颜色越深表明氟利昂泄漏量越严重。

卤素检漏灯使用时,氟利昂遇到高温会产生剧毒的光气,一旦发现火焰变为蓝白色后,说明泄漏严重,应立即停止使用卤素检漏灯,以免发生光气中毒现象。卤素检漏灯不可用于不含氟利昂的制冷剂检漏。

(2) 电子检漏仪。

电子检漏仪是一种精密的检漏仪器如图 1-9(b)所示,灵敏度可达 5 克/年以下,灵敏度高的电子检漏仪可检漏出 0.5 克/年左右的氟利昂的泄漏量。使用时选择相应的制冷剂种类,用传感器探头在检测部位查找即可。电子检漏仪由于其较高的灵敏度,在维修车间使用若空气中有氟利昂弥漫将影响其检测判断,在单独放置的制冷设备空间检测较好。

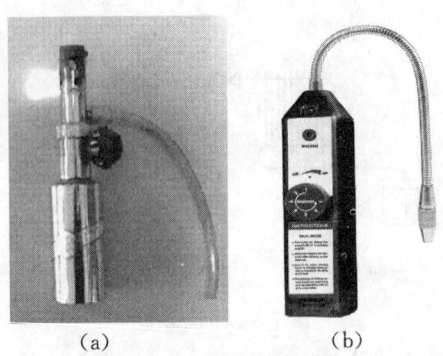

图 1-9 卤素检漏灯和电子检漏仪

六、气焊设备与钎焊

(一) 气焊设备的组成与火焰类型

制冷设备的管道连接,一般采用钎焊焊接。钎焊使用的气焊设备有焊枪(焊炬)、氧气钢瓶、乙炔气钢瓶(或液化石油气钢瓶)、连接软管及减压表等。

(1) 氧气钢瓶。

氧气瓶是贮存和运输氧气的一种高压容器。一般气瓶的容积为 40 L,标准压力为 14.7 MPa,制冷维修使用的便携式氧气瓶容积为 2~10 L。

(2) 减压器(氧气表)。

减压器的作用是将瓶内高压气体调节成工作需要的低压气体(约 0.2 MPa),并保证气体的压力和流量稳定不变。

(3) 乙炔气钢瓶。

乙炔气钢瓶的最高工作压力为 2.0 MPa,须配备专用的减压器。

(4) 液化石油气钢瓶。

贮气量一般为 3~5 kg,最大工作压力为 1.57 MPa,一般都配备减压器,工作时无需调节。

(5) 焊枪(焊炬)。

焊枪的作用是将可燃气体(乙炔或液化石油气)和氧气按需要的比例混合,并由一定孔径的焊嘴喷出燃烧,产生符合焊接要求的、燃烧稳定的火焰。焊枪的结构如图 1-10 所示。

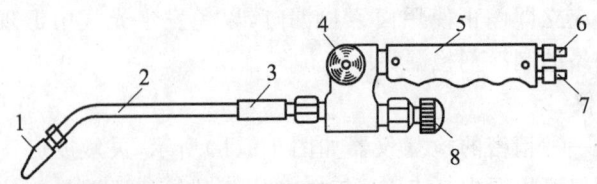

图 1-10 焊枪结构图

1—焊嘴;2—混合气管;3—射吸管;4—乙炔(液化石油气)调节阀;5—手柄
6—乙炔(液化石油气)管接头;7—氧气管路接头;8—氧气调节阀

(6) 火焰的种类。

A. 氧-乙炔气焊接火焰。其可分为三类：碳化焰、中性焰、氧化焰，如图 1-11 所示。

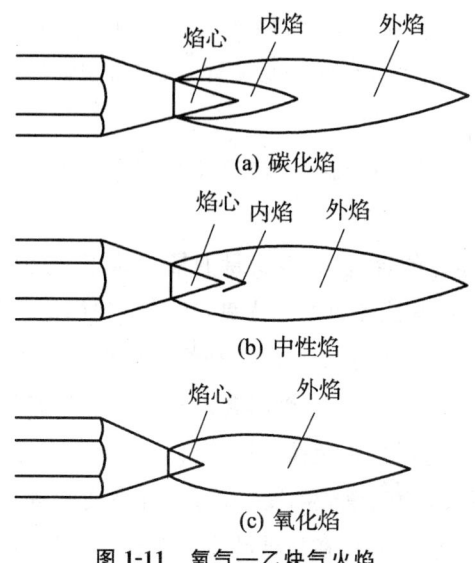

图 1-11 氧气—乙炔气火焰

① 碳化焰。当氧气与乙炔气的体积比小于 1 时，乙炔气未充分燃烧，其火焰为碳化焰，如图 1-11(a)所示。火焰分三层，焰心呈白色，外围略带蓝色，内焰为淡白色，外焰为橙黄色；火焰长而柔软，温度在 2 700℃ 左右，适用于焊接铜管与钢管。碳化焰的火焰较长，温度较低，一般多在对焊件预热、加温时使用。

② 中性焰。当氧气与乙炔气的体积比为 1～1.2 时，乙炔气充分燃烧，其火焰为中性焰，如图 1-11(b)所示。火焰也分三层，焰心呈尖锥形，色白而明亮；内焰为蓝白色，呈杏核形，外焰由里向外逐渐由淡紫色变为橙黄色。中性焰的温度在 3 100℃ 左右，温度最高点位于距离焰心尖端 2～4 mm 处。中性焰是钎焊的标准火焰，适用于焊接铜管与铜管、钢管与钢管。在制冷设备管道焊接中主要采用的是中性焰。

③ 氧化焰。当氧气与乙炔气的体积比大于 1.2 时，其火焰为氧化焰，如图 1-11(c)所示。氧化焰的火焰只有两层，焰心短而尖，呈青白色；外焰也较短，略带紫色。火苗挺直，燃烧时有"嘶嘶"的响声。氧化焰的温度在 3 500℃ 左右，由于温度较高，不适用于制冷设备管道的焊接。

B. 氧—液化石油气焊接火焰。其可分为两类：碳化焰、氧化焰，如图 1-12 所示。

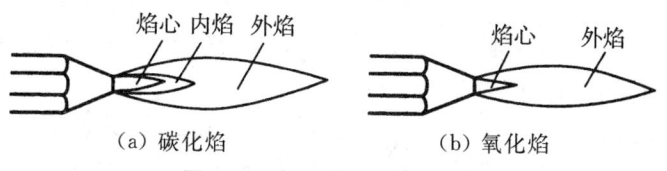

图 1-12 氧—液化石油气火焰

① 碳化焰。当氧气与液化石油气的体积比为 1.1～1.3 时，其火焰为碳化焰，如图 1-12(a)所示。火焰分三层，焰心呈白色，内焰为淡白色，外焰为橙黄色；液化石油气的含

量越多,火焰越长,温度在2 500℃左右,适用于焊接铜管与钢管。

② 氧化焰。当氧气与液化石油气的体积比为1.4～1.6时,其火焰为氧化焰,如图1-12(b)所示。氧化焰的火焰分为两层,焰心呈尖形为青白色;外焰为淡白色。氧化焰的温度在2 900℃左右,适用于气焊铜管与铜管、钢管与钢管的焊接。

(二) 钎焊焊料与焊剂的使用

(1) 焊料:焊料又称焊条,用于制冷与空调设备的钎焊焊料主要有银焊料、铜锌焊料和铜磷焊料。

① 银焊料是银、铜和锌的合金,并有少量的镉和镍等。这种焊料由于熔点低、润湿性好、操作容易、强度高、导电性和耐蚀性优良,所以得到广泛应用。可以焊接铜及其合金、钢铁、不锈钢、耐热合金、硬质合金等。但是价格较贵。

② 铜锌焊料的力学性能和熔点与锌的含量有关。它具有较好的抗腐蚀性能,配合焊剂可焊接铜、含锌较少的黄铜、钢及铸铁等。

③ 铜磷焊料具有流动性好、填缝和润湿性强、价格便宜等优点,适用于焊接铜与黄铜。这种焊料焊接的接头能很好地在拉伸状态下工作,并且具有良好的导电性,但焊缝塑性差。

(2) 焊剂:焊剂又称焊药。在钎焊过程中,焊剂的作用主要是防止被焊接工件金属及焊料氧化,有效地去除氧化物杂质,使焊料能够均匀地流动。同时减少已熔化了的焊料的表面张力,容易去除熔渣。钎焊时若不使用焊剂,焊缝中易夹杂氧化物,会使焊接处强度降低,产生泄漏。

焊剂分非腐蚀性和活化性两种。非腐蚀性焊剂对气焊温度在800℃以上的金属有效。活化性焊剂具有较强的清除氧化物和杂质的能力,但溶剂的熔渣对金属有腐蚀作用,焊完后必须全部清除。

(3) 焊料焊剂的使用:铜与铜之间的焊接,可选用铜磷焊料或低含银量的焊料,而且不需要焊剂,这种焊料称为自钎性焊料,这种焊料对制冷系统的焊接较好。

铜与钢或钢与钢之间的焊接,可选用银铜焊料或铜锌焊料,焊接时需要焊剂。焊后必须将焊口附近的残留物清刷干净,以防产生腐蚀。

(三) 钎焊操作的方法及使用安全事项

(1) 钎焊的操作方法:正确操作焊枪,根据焊件的材料、尺寸掌握调节焊接火焰的方法,是完成合格焊接的前提,焊枪操作方法不对,轻者造成焊接失败,重者烧伤手或损坏管路及附近的器件,烧坏地面等。

① 焊枪的操作顺序:手持焊枪→点燃焊接火焰→初调火焰→微调火焰→对制冷管路进行焊接→关闭焊枪。

② 手持焊枪的方法:在制冷维修中,经常会遇到难以进行焊接操作的管路接头,所以维修人员应学会左、右手都能较自如地操作焊枪。以右手为例,右手大拇指与食指位

于氧气调节阀处,其他三个手指握住焊枪手柄。左手大拇指与食指调节乙炔调节阀。

③ 点燃焊接火焰的方法:点火时,先开乙炔调节阀,用点火枪或打火机点燃乙炔,此时由于缺少氧气助燃,点着的火焰冒黑烟,应立即打开氧气调节阀,调整火焰的大小,直到所需要的火焰种类出现为止。这种点火方式对于初学者来说,可避免点火时的爆鸣现象,并且一旦发生回火可迅速关闭氧气,防止回火爆炸,但燃烧的烟灰影响卫生。

对于熟练者也可先稍微打开氧气调节阀(逆时针旋转约 1/4 圈),再打开乙炔调节阀(逆时针旋转 1/2~3/4 圈),然后停留 3~4 s,等乙炔胶管内的空气全部排净后用点火枪或打火机点火,并迅速调整火焰的大小,直到所需要的火焰种类出现为止。

当用打火机点火时,必须将火源从焊嘴的后下方缓缓移到焊嘴前点燃火焰,以免手被烧伤,拿火源的手不要正对焊嘴,也不要将焊嘴指向他人,以防烧伤。

开始练习点火时,可能出现连续的"叭叭"的爆鸣声,原因是乙炔不纯,此时应放出管内不纯的乙炔,然后再点火。

④ 关闭焊枪的方法:停止焊接时,应先调小氧气调节阀,火焰至碳化焰,然后关闭乙炔调节阀,熄火后再完全关闭氧气调节阀,避免产生爆鸣、冒黑烟、残留余火现象。

(2) 钎焊操作的注意事项。

① 焊枪使用前应检查焊枪的乙炔接管的射吸能力,确认正常后,方可将乙炔管接在管接头上。

② 分别打开乙炔、氧气瓶总阀,调节减压阀,使氧气减压后压力 0.15~0.2 MPa 范围,乙炔减压后压力 0.01~0.02 MPa 范围,然后用肥皂水检查焊嘴、管子连接处及各气体调节阀是否漏气。若有漏气必须修复后方可使用。

③ 焊枪点火时,点火姿势要正确,最好使用专用点火枪点火。点火时,注意焊嘴方向,以防火焰吹向人、气瓶和其他物体。

④ 禁止将正在燃烧的焊枪随意卧放在焊件或地面上。

⑤ 使用中若发生回火,应迅速关闭乙炔调节阀,同时关闭氧气调节阀。

⑥ 焊枪的各气体管路均不允许沾染油脂,以防氧气遇到油脂而燃烧爆炸。

⑦ 焊枪的焊嘴被堵塞时,应用通针清理,严禁采用焊嘴与平板摩擦的方法清理堵塞物。

⑧ 工作暂停或结束后,需将氧气和乙炔瓶阀关闭,并将压力表的指针调至零位。将焊枪和胶管盘好,挂在架子上。

七、其他常用制冷维修设备

(一)电子秤的使用

电子秤属于精密的称量工具,在制冷维修时,主要用于电冰箱等家用制冷器具充注制冷剂时称量制冷剂。电子秤的规格用最大量程和精度表示。主要有 7 000 g * 1 g,

5 000 g * 1 g,1 000 g * 0.2 g,500 g * 0.1 g。每台秤只有一个量程和精度,例如 5 000 g * 1 g 表示最大称量 5 000 g(量程是 5 000 g),分度值是 1 g。

使用中应特别注意以下问题:

正确摆放。电子秤摆放是否保持水平,是影响电子秤精准度的重要因素。因此,使用电子秤时,应将电子秤水平摆放在台面上,秤身下面不能有任何杂物或纸张衬垫,而且摆放电子秤的桌面要稳固,称重时如出现倾斜或摇晃等情况,都会影响电子秤的准确读数。

注意保养。一是使用中要注意保护敏感部件。电子秤的秤盘下面有三个棘爪,与秤身上面的称重传感器胶腿相接触,棘爪和传感器胶腿的缺失损毁,会导致秤盘发生倾斜,使称的重量不准。所以,日常工作中要特别注意保护电子秤敏感部件,防止损坏。二是移动时要注意轻拿轻放。剧烈震动往往会造成棘爪和传感器胶腿松动脱落,因此,日常工作中对电子秤要避免磕碰或敲打;搬运移动过程中不要互相抛接或推拉;称物品时不要放置过猛,以防撞击秤盘。三是不要在电子秤盘上粘贴各类标签或不干胶等,不使用电子秤时,不要在秤盘上堆放杂物,长时间压住秤盘,会造成称重不准确,而且还会缩短电子秤的使用寿命。

及时报修。电子秤属于精确计量工具,非专业维修人员切勿自行拆装电子秤的零部件。如果工作中遇到电子秤出现异常情况而不能正常使用时,要及时报修,由相关部门请厂家或由专门维护人员进行检修处理。

(二)定量加液器的功用

定量加液器的结构如图 1-13 所示。它是一种带玻璃刻度管的制冷剂筒,在维修中作定量充注制冷剂用,尤其用于制冷剂充注量小的电冰箱制冷系统,具有充注量准确,使用方便的优点。

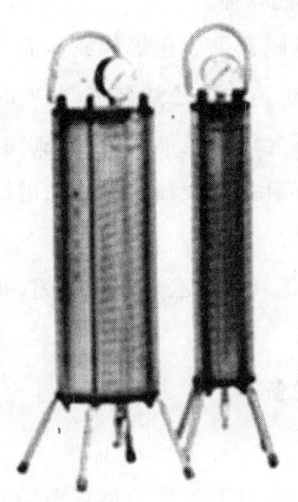

图 1-13　定量加液器

 项目实施

制冷剂的分装

一、工作准备

（一）专用设备的准备

准备好大小制冷剂钢瓶、连接用耐压胶管（或专用塑料管）、称重衡量器（或弹簧秤）、真空泵、搁置大钢瓶的三脚架。

（二）场地与材料的准备

保持场地良好通风，R134a 和 R22 或其他制冷剂。

（三）安全操作准备

眼睛要带护目镜保护，以防制冷剂飞溅至眼睛里，并戴帆布手套做好防冻伤保护。

二、工作程序

（一）抽真空操作

将小刚瓶连接到真空泵，检查真空泵后，开机将小钢瓶抽空至负压，保持真空状态关闭小钢瓶阀门，再关闭真空泵电源。

（二）组合表阀连接

用组合表阀上的管路连接抽真空后的小制冷剂钢瓶，用称重衡量器（或弹簧秤）称量小钢瓶的皮重并做好记录。

（三）制冷剂定量灌装

将大制冷剂钢瓶立放在三脚架上，用组合表阀胶管连接大小钢瓶，将大钢瓶端胶管螺帽旋紧，连接小钢瓶端胶管螺帽旋上即可，然后轻轻打开大制冷剂钢瓶阀门，驱除组合表阀胶管内的空气后，旋紧小钢瓶端胶管螺帽。将大钢瓶卧放后，打开大小钢瓶阀门，制冷剂在压力差的作用下快速流进小制冷剂钢瓶，根据灌装需要适时称量小制冷剂钢瓶毛重，一旦重量到达，关闭大钢瓶阀门，用热毛巾热敷胶管，使管内制冷剂进入小钢瓶内即可关闭其阀门。

三、注意事项

设备操作时的注意事项：

（1）灌装前，注意排空管路里的空气。

（2）灌装中，注意做好防冻伤工作。

（3）灌装中不可用火烘烤制冷钢瓶的办法来提高瓶内制冷剂的饱和压力。

（4）制冷剂钢瓶的充注量以钢瓶容积的 2/3 为宜，以免遇热膨胀后而爆裂。

四、评价标准

序号	考核内容	考核要点	配分	评分标准	扣分	得分
1	器具准备	按要求准备好工具与材料	1.5	准备完全正确得1.5分,否则不得分		
2	工作程序操作无误	充灌量合适,操作正确无误	6	(1) 抽真空操作连接操作正确得2分,连接错误扣1分,未排空气扣1分 (2) 表阀连接正确并合理记录数据得2分,连接错误扣1分,未记录数据扣1分 (3) 定量灌装操作正确得2分,错误一次扣1分,扣完为止		
3	能正确回答老师提出的问题	正确复述操作注意事项	1	复述关键点一项错误扣0.5分,扣完为止		
4	安全操作	按照安全要求进行操作	1	能够按照安全操作规定进行操作得1分,否则不得分		
5	善后工作	按要求清理工作现场	0.5	善后处理及时,否则不得分		
	合计		10			

紫铜管的钎焊连接

一、工作准备

（一）气焊设备的准备

准备氧-乙炔气焊设备或便携式气焊设备、点火器(或打火机)。

（二）材料的准备

准备不同直径的紫铜管、铜磷焊料以及相应钎焊练习工装。

（三）安全操作准备

准备好灭火器材。

二、工作流程

（一）紫铜管扩口

用扩管器将需对接一段紫铜管一端扩成圆柱形口或喇叭口,将对接的另一段紫铜管的一端与圆柱形口或喇叭口插接后放入工装(旧铜管插接处应用砂纸除去表面氧化层和污物)。

（二）调整气体减压压力

打开氧气瓶总阀,将压力调整至 0.1～0.2 MPa 范围,打开乙炔瓶阀门,将压力调整至 0.015～0.02 MPa 范围。便携式气焊设备打开氧气瓶和燃料气体瓶阀门即可。

(三)调整火焰

用点火器或打火机将焊枪点燃,采用氧—乙炔气焊接的将火焰调整中性焰,采用氧—液化石油气(或丁烷气体)焊接的调整氧化焰。

(四)钎焊操作

先用火焰加热插接部位(圆柱形口或喇叭口插接处),使火焰的焰心端距焊件2～4 mm,应左右前后移动焊枪,使管子接头处均匀加热至焊接温度时(显暗红色),加入焊料。焊料的熔合靠管子的温度,并用火焰的外焰维持管子接头的温度,轻轻移动焊料使插接处均匀填满焊料,移开焊枪并查看焊接情况。焊接完毕,关闭焊枪。

三、注意事项

钎焊操作时的注意事项:

(1) 焊接时,不可采用预先将焊料熔化后滴入焊接接头处,然后再加热焊接接头的方法,这样会造成焊料中低熔点元素挥发,改变焊缝成分,影响接头的强度和致密性。

(2) 焊接时,火焰要强,焊接速度要快;如果焊接时间过长,管道生成氧化物等过多,会混入制冷系统堵塞管道。

(3) 焊接操作时,在焊料没有完全凝固时,不可移动或震动被焊接管道,以免产生裂纹。

(4) 焊接好的铜管应充分冷却后再拿取,以防烫伤。

四、评价标准

序号	考核内容	考核要点	配分	评分标准	扣分	得分
1	器具准备	按要求准备好工具与材料	1.5	准备完全正确得1.5分,否则不得分		
2	操作无误,焊件连接良好	焊件连接良好,操作正确无误	6	(1) 喇叭口制作精美、大小合适得2分,过大或过小扣1分,扩裂以致不能使用扣2分 (2) 气体钢瓶压力调节正确得2分,调节错误该项不得分 (3) 火焰调节合适得1分,错误扣1分 (4) 焊件连接操作正确连接良好得1分,否则不得分		
3	能正确回答老师提出的问题	正确复述操作注意事项	1	复述关键点一项错误扣0.5分,扣完1分为止		
4	安全操作	按照安全要求进行操作	1	能够按照安全操作规定进行操作得1分,否则不得分		
5	善后工作	按要求清理工作现场	0.5	善后处理及时,否则不得分		
	合计		10			

知识拓展

洛克环的使用

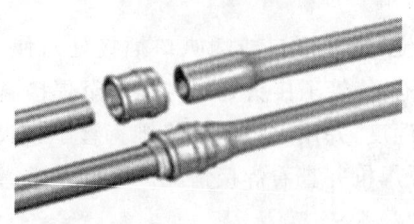

图 1-14　洛克环

洛克环（LOKRING）又称洛克林铜铝接头，如图 1-14 所示，在欧洲已有 30 年的使用历史，是由德国 VULKAN LOKRING 公司拥有专利并制造，是一种"冷"的管路连接工艺，它可以在不产生高温和其他污染杂质的前提下可靠地将金属管路连接起来，其密封性非常好，可以阻止小分子物质如制冷剂的泄漏，而且可以承受相当大的内压（最大 50 bar）。对制冷剂的管路来说，洛克环接点的密封可靠性比焊接更高。可用于冰箱、空调维修用铜铝接头。

随着新型无氟环保冰箱的推广，制冷剂 R600a 等易燃制冷剂被广泛使用，用洛克环工艺可以很好地解决现场维修过程中的安全问题，最大限度地降低了维修现场因火焊可能造成的制冷剂爆炸等严重后果。由于洛克环的操作过程中无需焊接，操作时没有安全隐患，所以能实现在任何时候、地点进行维修。

在冰箱维修中应注意以下用洛克环接头的相关工艺。

（1）在割开需要修理的管道接点前先用金相砂纸在该处进行打磨，去掉外表面上的漆层和其他可以妨碍洛克环接头操作的物质（如锈迹、油污等）。

（2）割管时应采用割管刀而不是剪刀一类的非正规工具操作，以避免管端发生大的变形而导致无法插入洛克环接头中。

（3）正确测量所需连接的管子外径，以便选用合适的洛克环接头。只要有一侧是铝管，就必须采用铝制洛克环接头。

（4）进行管子连接操作时，先在管子两端的外表面涂上适量的洛克环专用密封液，然后将洛克环接头套在 2 根管子端部，转动洛克环接头以便让密封液均匀分布。

（5）确认管子插入到洛克环接头中部底端（可以感觉到止口），然后用洛克环专用手动压接钳将洛克环接头可靠地压接完毕。若是操作洛克环工艺管堵头则只需确保工艺管插到堵头底部即可，同样需要涂抹洛克环专用密封液。

（6）等待 5 min 左右（若是铝/铝连接需要等 15 min 左右）才能进行抽真空操作，但打正压操作可以立刻进行。其他工艺，如排放、检漏、打压、吹氮、抽真空、灌注等则与采用焊接方式接管时一样。

单元二　电气系统维修

项目一　家用制冷器具电气零部件的检测与维修

学习目标

1. 了解家用制冷器具电气零部件的类型及规格型号；
2. 掌握家用制冷器具电气零部件的工作原理及故障特点；
3. 学会家用制冷器具电气零部件的检修方法。

知识平台

一、电冰箱(电冰柜)电动机的检修

(一)电冰箱电动机的起动电路

家用电冰箱都采用单相电动机，其结构比较简单，由转子、定子绕组和铁芯组成，它与压缩机一起被密封在压缩机外壳内，如图 2-1 所示。

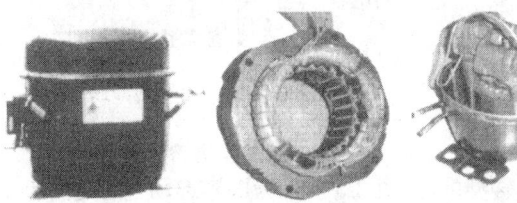

图 2-1　压缩机

电动机是压缩机的原动力，电动机将电能转换成机械能，带动压缩机工作，使压缩机把制冷剂蒸汽压缩成为高压蒸汽，因此，压缩机电动机在电冰箱部件中占很重要的地位。

根据起动方式的不同，单相电动机起动电路可以分为阻抗分相起动型电路、电容分相起动型电路、电容运转型电路、电容起动电容运转型电路。

(1) 阻抗分相起动型电路：阻抗分相起动型电路图，如图 2-2 所示。使用阻抗分相起动型电路的电动机输出功率较小，为 40～150 W，常用于小容量电冰箱。电动机起动时起动转矩小，起动电流大。起动时，主绕组和起动绕组同时工作；起动后，当转速接近正常值时，起动继电器断开，起动绕组停止工作，只有主绕组工作。

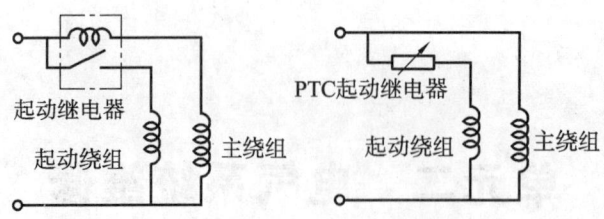

图 2-2 阻抗分相起动型电路

(2) 电容分相起动型电路:图 2-3 所示为电容分相起动型电路图。使用电容分相起动型电路的电动机输出功率较大,为 40~300 W,常用于大容量家用电冰箱。电动机在起动时,起动转矩大,起动电流小。起动后,当转速接近正常值时,起动继电器断开,起动绕组停止工作,只有主绕组工作。

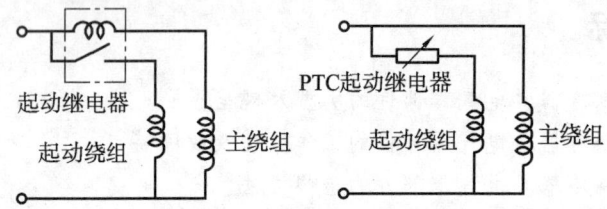

图 2-3 电容分相起动型电路

(3) 电容运转型电路:图 2-4 所示为电容运转型电路图。使用电容运转型电路的电动机输出功率为 400~1 100 W,常用于小功率空调器。电动机在起动时,起动转矩小,电动机效率高而且无需起动继电器,只需在起动绕组上串接运转电容就可达到电容分相的目的。工作时,运转电容、起动绕组和主绕组一样始终在通电情况下工作。

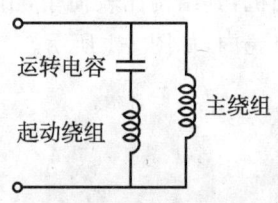

图 2-4 电容运转型电路

(4) 电容起动电容运转型电路:图 2-5 所示为电容起动电容运转型电路图。使用电容起动电容运转型电路的电动机输出功率为 100~1 500 W,常用于大容量电冰箱、电冰柜、空调器等。它的起动转矩大,起动电流小,电动机效率高。起动时,起动电容、运转电容都串入起动绕组,主绕组、起动绕组同时通电工作。一段时间后,起动继电器断开,起动电容不再与起动绕组串接,从而停止工作。运转电容仍与起动绕组串联,并与主绕组一同工作。

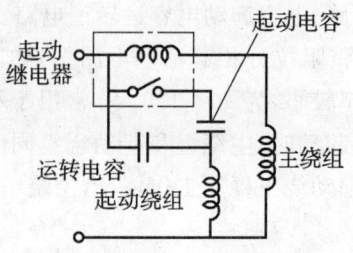

图 2-5 电容起动电容运转型电路

家用电冰箱由于对电动机输出功率的要求不是很大,因此常采用阻抗分相起动型电路和电容分相起动型电路。

(二)电冰箱电动机的工作原理

家用电冰箱单相电动机的绕组由主、副两个绕组组成。主绕组电阻小、匝数多、电抗大,副绕组电阻大、匝数少、电抗小。

单相电动机主、副绕组通入单相交流电流后,由于主、副绕组的阻抗不一样,故主、副绕组会产生不同相位的交流电流,不同相位的电流会在电动机定子空间内产生一个旋转磁场,转子就会在旋转磁场的作用下开始旋转。在转子旋转起来后,断开副绕组,只留下主绕组继续通电,转子仍然旋转下去。由于副绕组只在电动机起动时才通电工作,所以又被称为"起动绕组",而主绕组一直工作,所以又被称为"运行绕组"。

上述过程中,一个单相交流电流经过不同的绕组后变成了两个相位不同的交流电流的过程称为分相。含两个绕组的单相电动机必须把单相交流电分相为两个不同相位的交流电后,才能起动旋转。

(三)单相电动机接线端子的判断方法

压缩机电动机与冰箱制冷系统其他控制元件的线路连接是通过压缩机封闭机壳上的三个接线端子实现的。三个接线端子分别为运行端、起动端和公共端。如图2-6所示,三者的位置必须判断准确后才能接线。电冰箱压缩机国内外产品规格众多,三个接线端子位置各不相同。国外压缩机一般都有标志,通常用 M 表示运行端,用 S 表示起动端,用 C 表示公共端。国产压缩机上目前尚无标志。下面介绍判断电动机接线端子的具体方法。

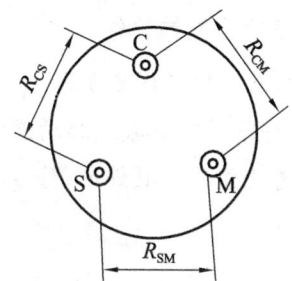

图 2-6 压缩机电动机的接线端子

(1)拔下电源线。

(2)从压缩机上拆除继电器。

(3)将万用表调到 $R \times 1$ 挡,调零。

(4)用万用表分别测出各个端子之间的阻值即 R_{CM}、R_{CS}、R_{SM}。

(5)若 R_{SM} 阻值最大,则端子 C 为公共端;剩下的两个端子若 $R_{CS} > R_{CM}$,则说明 M 为运行端,S 为起动端。正常情况下,各阻值应符合:$R_{SM} = R_{CM} + R_{CS}$。

(四)电冰箱电动机的常见故障现象及检修方法

(1) 电冰箱压缩机绝缘性能检查步骤:

① 将万用表调至 $R \times 1$ M,调零。

② 当把万用表一端接于任一端子,另一端接在压缩机外壳上进行测量,若电阻值大于 2 MΩ,说明电动机无漏电现象,可以使用;若电阻值小于 1 MΩ,表明电动机绝缘性能较差,有漏电的现象,不能通电使用,但经过烘干处理后,通常可以继续使用;若测得的电阻值很小甚至为零,则说明电动机绕组被烧坏,应更换新的绕组。

(2) 电冰箱压缩机电动机绕组断路检查步骤:将万用表调至 $R \times 1$ M 挡,调零,将表笔接到任意两个绕组的接线端测其阻值。若阻值为无穷大,则说明绕组断路。

(3) 电冰箱压缩机电动机绕组短路检查步骤:

① 将万用表调至 $R \times 1$ M,调零。

② 电动机绕组短路有绕组匝间短路、绕组间短路和全部烧毁三种情况,这三种情况都会使测得的电阻值变小。由于正常情况下绕组电阻值本来就较小,只有几十欧姆,所以测量时要特别细心。测量是否短路用万用表 $R \times 1$ 挡,测量每两个接线柱之间的电阻值,然后把所测的电阻值与电动机绕组标准电阻值做比较。若测得的电阻值比标准值明显偏小,则表示存在短路情况。

应该指出,对于绕组间的局部短路,尤其是匝间短路,很难用该方法做出正确的判断。此时,可以通过测定压缩机电动机运转时的电流值来判断。压缩机空载运行时电流应为额定电流的 80%~90%,若测定的运行电流比额定电流大,说明确有短路现象。对于有短路现象的电动机,解决办法是更换个别绕组或重绕全部绕组。

二、电冰箱电动机的起动保护元件的检修

(一)重锤式起动继电器的起动原理与检修方法

(1) 重锤式起动继电器是一种常见的电流式起动继电器,主要由电流线圈、固定触头、活动触头、衔铁、弹簧和绝缘外壳组成。其外形、符号、线路如图 2-7 所示。

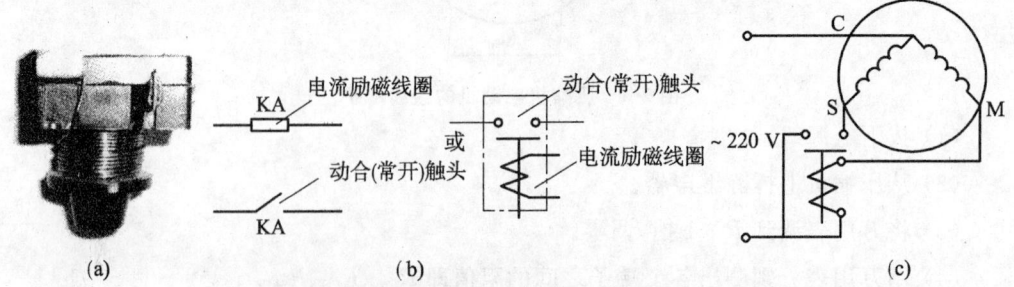

图 2-7 重锤式起动继电器外形、符号、线路图

重锤式起动继电器的外面有两个插孔和焊片。主绕组插孔和副绕组插孔插在压缩机外壳的相应接线柱上,小焊片同主绕组插孔相连,大焊片与固定触头相连。磁力线圈

的一端同小焊片相接,另一端同大焊片相接。大焊片同温度控制器相连。

(2) 工作原理。重锤式起动继电器的控制触头平时处于常开状态,当压缩机接入电源时,起动电流会很大,起动器上的线圈产生的电磁力也很大,起动器内的重锤在这个电磁力的作用下移动,使动触头与起动绕组的定触头接触,把压缩机的起动绕组接入电路,压缩机开始运转。同时,起动电流逐渐下降,当压缩机转数达到同步转数的75%~80%时,起动器上的电磁力已不能将重锤吸起,重锤下降使动触点与定触点断开,把起动绕组从电路中断开,重锤起动器则完成了起动任务。

(3) 特点。重锤式起动器广泛用于阻抗分相式起动型电动机、电容运转电容起动型电动机中,其结构紧凑、体积小。整个起动过程为1~3 s。这种起动继电器实际上是一个电磁开关,其最大的缺点是有触头:触头吸合时产生噪音,断开时易产生火花,时间长了会烧毛触头而造成接触不良或触头脱落,在触头断开瞬间还会对无线通讯设备产生干扰。

(4) 检修。对重锤式起动继电器的好坏判别主要通过检测其触头接触是否良好,接触不良多是由于触头之间有灰尘或出现烧焦等原因引起的,可以用细锉、细砂布修整好触头,再用酒精净化干燥,使其通断良好后继续使用。如果触头烧损、线圈绝缘层严重破坏而无法修复时,应更换新件。

如果新更换的重锤式起动继电器在额定电压220 V下,通电3~5 s不起动,测器活动触头、固定触头又接触良好时,则说明该起动器线圈匝数不足,应增绕5~10匝后试验排除;一旦通电3~5 s触头吸合后不释放,说明起动继电器线圈匝数过多,必须减少匝数直到能在起动1~2 s触头释放且恢复额定电流运行才为正常。

(二) PTC起动器的起动原理与检修方法

(1) PTC起动器也叫PTC起动器继电器,是冰箱专用起动继电器,是一种正温度系数的热敏电阻,是新型的半导体器件。

PTC的外形由两个接线端子(也有的只有一个接线端子)与对应的两组插口相对应,内部结构则是两个接线端子间用簧片夹触着一只硬币状的PTC元件。其外形、符号、线路如图2-8所示。

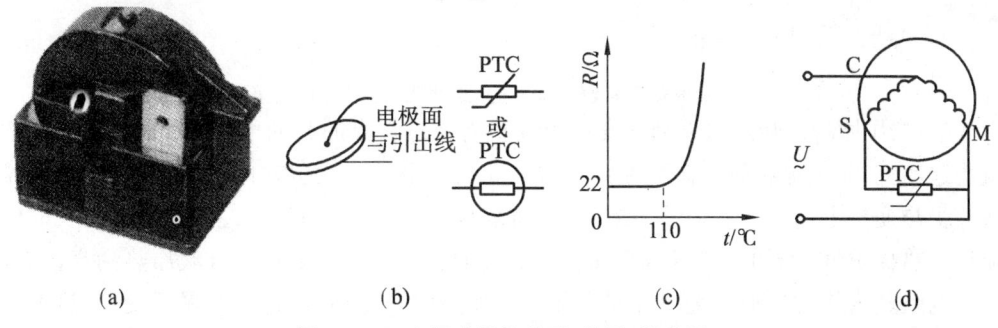

图2-8 PTC起动器的外形、符号、线路图

(2) 特性。其在正常室温下的电阻很小,当达到某一温度值时,电阻值会急骤增大数千倍(这一温度成为临界温度,在冰箱中这一温度为50℃~60℃)。

(3) 工作原理。压缩机开始起动时PTC温度比较低,电阻较小(仅几十欧),可近似地视为开路。起动过程比正常运行时电流高4～6倍。大电流使PTC元件的温度迅速升高,当温度升高至临界温度后电阻值突然增大至数万欧,通过的电流又大幅度下降到很小的稳定值。此电流很小可以忽略不计,可以近似地视为断路。

PTC起动器的优点有:无运动零件、无噪声、可靠性较好、成本低、寿命长,对电压的适应性较强;缺点为:由于有热惯性,停机后必须间隔3～5 min才能再次起动。

(4) 检修。通过检测,若判断PTC起动继电器损坏,一般的处理方法是更换新件。一旦发现PTC元件人为接触水源时,应将其放在温度为100℃～200℃高温下经过2 h干燥处理。若PTC元件受潮,通电使用时会将其损坏,这时只能更换新件,无法修复。

(三) 过载保护器的结构、作用与检修方法

过载保护器的作用是保护压缩机不至于因为电流过大或温度过高而烧毁。其安装位置应紧贴压缩机外安装,并且和压缩机绕组串联。当压缩机外壳温度过高或电流过大时,将会引起热保护继电器的双金属元件发热而弯曲,继而使触头迅速断开,切断电动机的电源,从而对压缩机起到保护作用。过载保护器主要有蝶形热保护继电器和内埋式热保护继电器两种。

(1) 蝶形热保护继电器。

① 结构。其实物、结构图、图形符号及接线图如图2-9所示,它是将蝶形双金属片、一对动断(常闭)触头、一段镍铬电阻丝组装在一个耐高温的酚醛塑料制成的圆壳内;同时从圆壳中引出两个接线头,将其串接在压缩机电路中。安装时,将它紧压在压缩机的外壳表面,以便感受压缩机的温升。

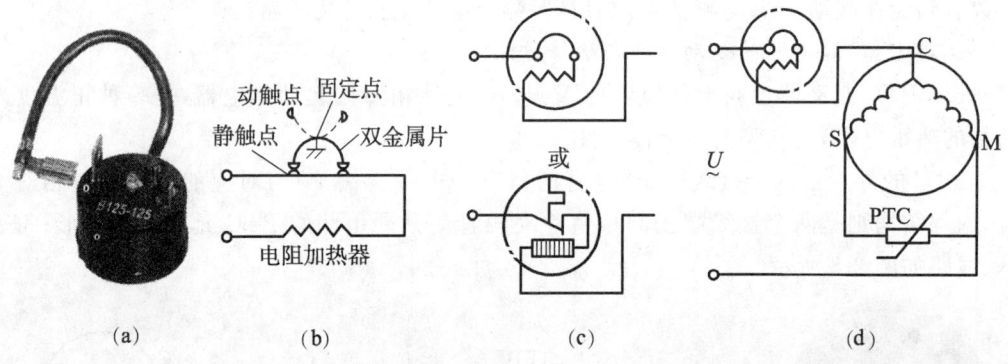

图2-9 蝶形热保护继电器实物、结构图、图形符号及接线图

② 工作原理。接通电源后压缩机电动机将流过很大的起动电流,在1～3 s时间内就能起动完毕,电流很快下降到额定电流。起动时电流虽大但时间很短,不足以使双金属片受热变形上翘弯曲。但接通电源后,压缩机若不能正常起动,过大的电流较长时间流过过热保护继电器的电阻丝,在几秒内就可将0.6～1.2 Ω的电阻丝加热到高温,并且使电阻丝直接对蝶形双金属片强烈加热。加热到一定温度后,双金属片变形,迅速上弯,使动触头与静触头分离,切断电路,如图2-10(b)所示。在这种情况下通常要求热保护继电器在6～15 s动作,这是热保护继电器的过电流保护功能。

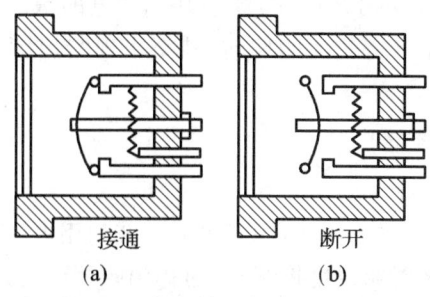

图 2-10 热保护继电器工作原理

如果由于各种原因导致压缩机长时间工作不停机或过载，机壳温度达到 100℃ 以上，即使工作电流正常，热保护继电器双金属片的温度也会随机壳温度升高而增高，最终导致动、静触头分离，切断电路，这就是热保护继电器过温升的保护功能。热保护继电器具有过电流和过温升的双重保护功能。热保护继电器触头分离后需要 3 min 左右才能复位，其延时断开与复位时间在出厂前就已经设定好，用户无需调整。

③ 检修。蝶形热保护继电器失灵，可以通过细砂布净化其触头、调整外露调节螺钉来修理。但由于这类保护继电器作用大，造价低，失灵后即使通过修理可以使用，其稳定性和可靠性也不能保证，为确保压缩机的工作，通常更换新件。

(2) 内埋式热保护继电器。

① 结构。内埋式热保护继电器又称为埋入式热保护继电器，其结构是由铅玻璃套、可动触头、双金属片、固定触头以及壳体组成。其结构如图 2-11 所示。

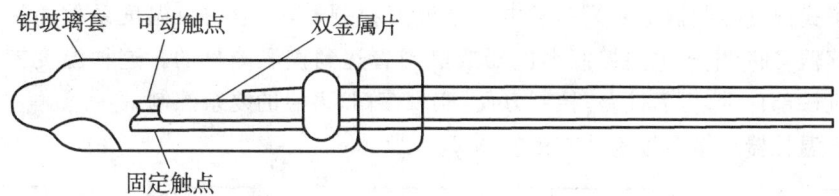

图 2-11 内埋式热保护继电器

② 工作原理。内埋式热保护继电器的作用与控制原理同蝶形热保护继电器的作用和控制原理相同。在压缩机电动机的制造中，把其两引线串接在起动绕组并将其埋藏在线包内固定，直接感受运行绕组温度的变化。当绕组温度升高超过允许值或产生过电流温升时，双金属片发生变形，触头断开，切断电动机电路，从而保护了电动机。

③ 检修。内埋式热保护继电器安装在压缩机机壳内，一旦发生故障很难进行检修和更换，因此不存在对其维修的问题。通常打开压缩机机壳后扒开绕组发现内埋式热保护继电器损坏后，改用外置式热保护继电器替代。

(四) 起动电容的作用与检修方法

(1) 作用：单相电机中起动电容是用来分相的，目的是使两个绕组中电流产生 90° 的相位差，以产生旋转磁场。三相电中每两相电之间的电流本身就有相位差，不用分相。

(2) 检修：电冰箱起动电容和运行电容均为无极性电容器，它有两个指标，一是电容量，二是耐压。测量时应先将电容器两端用导体短接一下，让其放电，然后用万用表的

R×1 K 或 R×10 K 挡测量电容的两端,观察其充放电的情况。对容量较大的电容器,将有较大的充电电流,故指针有较大的偏转,甚至出现"打针",但是由于放电指针会很快返回。

三、温度控制器(温控器)

(一)温控器的作用与种类

为了保持电冰箱内有适当的温度,同时也为了节约用电,需要对箱内温度进行控制和调节,这种温度调节的装置叫温度控制器,简称温控器。它是一种调温、控温器件,是电冰箱电气控制系统中的主要控制部件之一。

温度控制器的主要作用如下。

(1)通过调节温度控制器的按钮,使冰箱内达到设定的温度;

(2)自动控制冰箱的工作,温度控制器可以灵敏地感受冷冻室或冷藏室内温度的变化,继而发出信号控制压缩机的起动和停止、电磁阀的通断以及风门的大小,从而使冰箱内的温度始终保持在所选定的温度挡次或范围内,达到控温和自动控制电冰箱正常工作的目的。

目前,冰箱用温度控制器可以分为两大类:一类是机械式温度控制器,另一类是电子温度控制器。

机械式温度控制器又称为蒸汽压力式或感温器式温度控制器,从结构上大体可以分为普通型温度控制器、半自动化霜型温度控制器、定温复位型温控器温度控制器、温感风门型温度控制器。机械式温度控制器的特点是结构简单、性能稳定、价格低廉。

电子式温度控制器主要为热敏电阻式温度控制器,一般用负温度系数的热敏电阻作为传感器,通过电子电路控制继电器或晶闸管达到控温的目的。这种温度控制器的特点是机械部件少,可靠性差,控制方便,实现多门、多温的复杂控制。

国产温控器规格型号表示方法如图 2-12 所示:

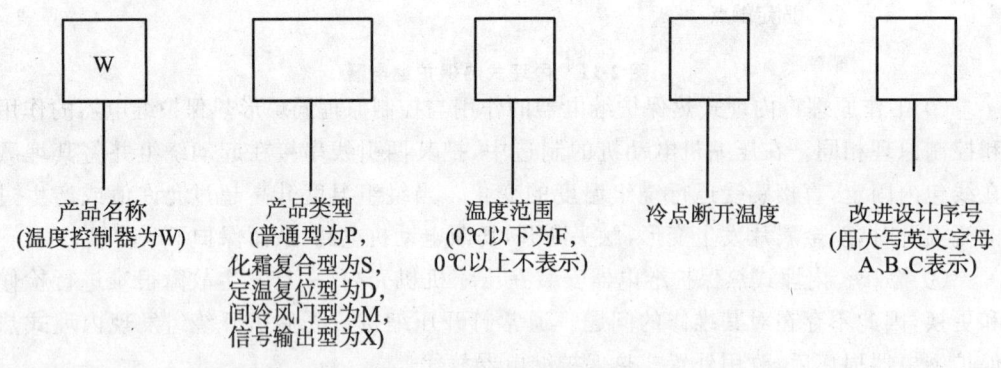

图 2-12 温控器规格型号

例如:温度控制器的型号为"WDF20",表示该温度控制器属于定温复位型温度控制器,其温度控制范围在 0℃以下,冷点断开温度为 -20℃。

(二)各种温控器的工作原理及特点

(1)普通型温度控制器(WPF 系列):普通型温度控制器常用于人工化霜的普通直

冷式单门电冰箱或用于全自动化霜的间冷式电冰箱的冷冻室。

① 结构形式。这类温度控制器的实物图、平面图、调节旋钮位置、图形符号、线路中的接线图如图2-13所示。

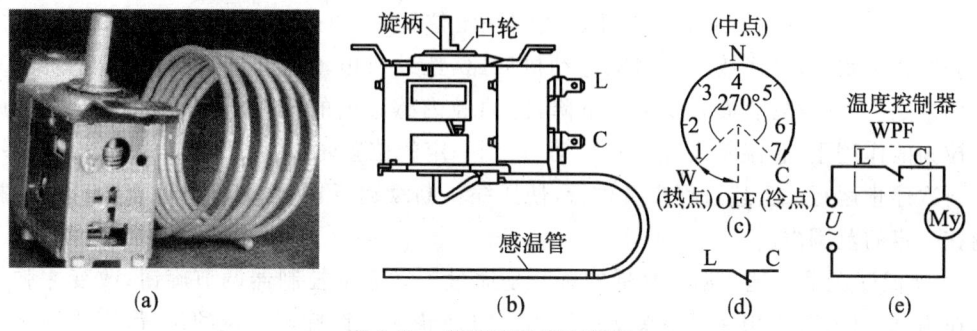

图2-13 普通型温度控制器

其外形结构特点：有可以调温的旋钮，两个引出线端子。在线路中触头L-C与压缩机电动机串接。

② 工作原理。从结构上看，普通型温度控制器是由感温器和触头式微型开关组成。普通型温度控制器的结构原理如图2-14所示。

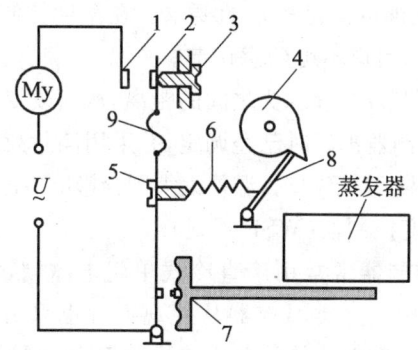

图2-14 普通型温度控制器工作原理

感温器是一个封闭的囊体，主要由感温头、感温管和充以感温剂的感温腔三部分组成。根据感温腔的形式不同，感温器可分为波纹管式和膜盒式两种，如图2-15所示。

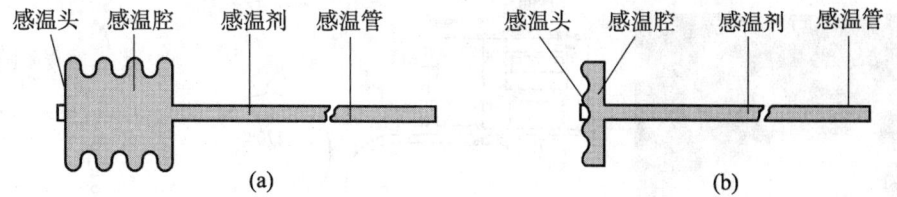

图2-15 感温器[(a)为波纹管式、(b)为膜盒式]

只要感温管不发生断裂或泄漏，感温器就可以长时间使用。所充的感温剂通常是氯甲烷或R12，在室温下腔内压力可达49 N以上。

在使用时应将感温管的尾部紧紧贴在直冷式冰箱的蒸发器的表面；间冷式冰箱则要将感温管的尾部置于冷冻室循环风的进口处。箱内温度变化会引起感温腔内感温剂压力的变化，从而使感温器的感温触头产生左右微小的位移，即感温腔将温度的变化转换为感温头的机械位移,起到了温度传感器的作用。

③ 控温原理。图 2-14 中触头 1、2 处于断开位置时,压缩机停止运转。这时蒸发器的温度随时间的推移逐渐升高,感温腔内感温剂的饱和压力也随之增高,使感温腔感温触头克服主弹簧的拉力而向左移动。达到一定位置时,通过传动杠推动动触头 2,使之与静触头 1 闭合,从而接通压缩机电动机回路,压缩机电动机开始运行,制冷系统恢复工作。之后,蒸发器表面温度逐渐下降,感温腔内感温剂的饱和压力随之下降,在主弹簧拉力的作用下,感温触头片向右移动,达到一定的位置时,动触头与静触头分离,压缩机再次停止运行。上述过程交替进行,使压缩机断续运行,从而可将电冰箱内的温度控制在一定的范围内。

④ 温度调节原理。温度高低的调节是通过旋动温度控制器调节旋钮,改变主弹簧的拉力,即可改变作用在感温头上的压力。将凸轮逆时针旋至一定的位置,则主弹簧拉力增大,这时,只有当蒸发器表面温度升到较高的温度,感温器才能克服增大了的弹簧拉力,以推动动静触头闭合,即将冰箱内的温度调高了。通常夏天将温度控制器旋钮调到小数字挡(1~3 挡),冬天将温度控制器旋钮调到大数字挡(4~6 挡)。

如果将凸轮旋柄旋至图 2-14 所示的极限位置,然后调节最低温度调节螺钉,以改变主弹簧的拉力,可以使最低温度满足规定的要求。在温度控制器制造时,最低温度已调定,并已经用漆封死螺钉 5,用户不可随意调节。

温差调节螺钉 3 可以调节动、静触头之间的距离,从而改变温度控制器的开停温度之差。同样,该温差在温度控制器出厂时已经调定,并采用漆封死螺钉。显然,温差太小,压缩机开、停的次数会增加,甚至频繁起动;温差太大则会影响冷冻冷藏食品的存放期。

(2) 半自动化霜型温度控制器(WSF 系列)。

① 结构。此类温度控制器常常用于直冷式单门电冰箱,它在 WPF 型温控器结构基础上增加了一个化霜结构。这类温控器从外观上看也只引出两根引线,但有一个红色化霜键位于旋柄的顶部。在电冰箱线路中接法与 WPF 型温控器相同,即与压缩机电动机串联。其相关图形如 2-16 所示。

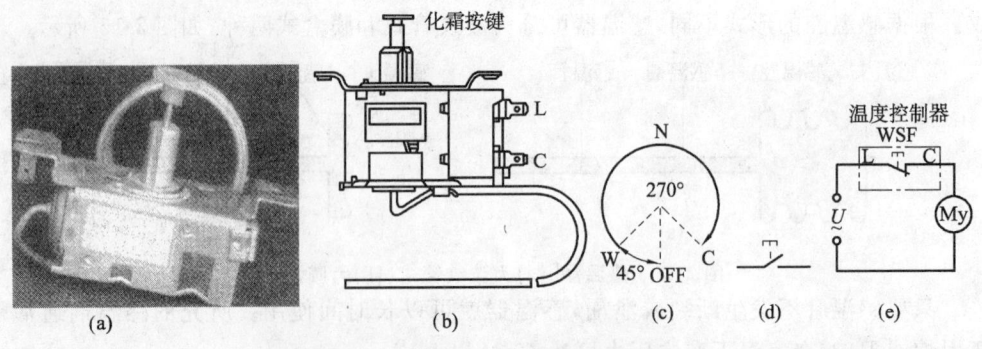

图 2-16 半自动化霜型温度控制器

② 工作原理。半自动化霜型温控器与普通型温控器的工作原理和结构基本相同。只是在普通温控器上增加了一套除霜装置。它既可以像普通型温控器那样对箱内温度进行调节和控制,又可以在蒸发器表面霜层过厚时进行自动化霜。在需要化霜时,按下

化霜键,既可以断开压缩机,停止制冷,使电冰箱进入化霜状态。待箱内温度达到预定的化霜终温时,化霜键会自动跳起,温度控制器自动复位到原来设定的温控制冷状态,压缩机恢复工作。

(3) 定温复位型温度控制器(WDF 系列)。

① 结构。这类温控器适用于直冷式双门电冰箱,且应安装在冷藏室,其感温管的尾部应紧贴冷藏室蒸发器的表面。这类温控器的相关图形如图 2-17 所示。

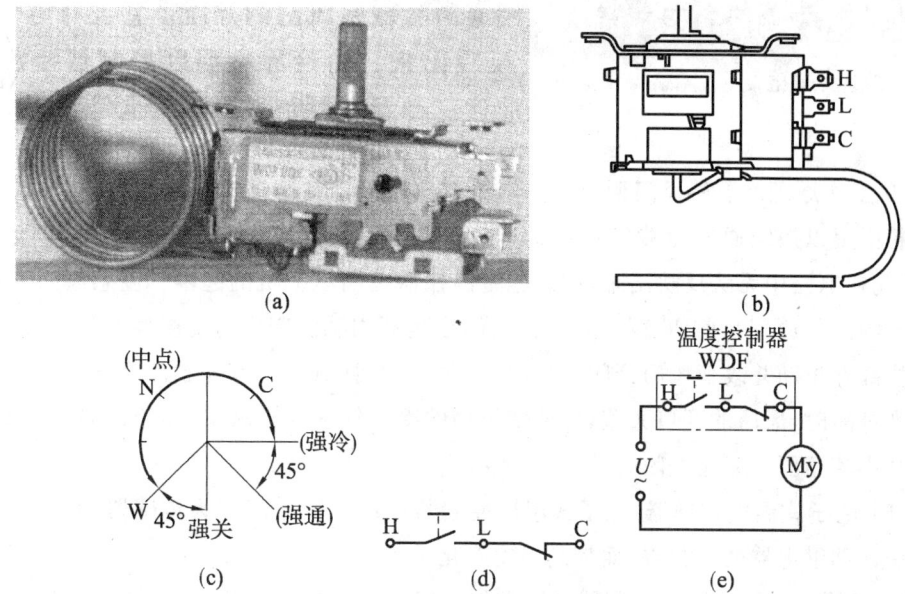

图 2-17　定温复位型温度控制器

定温复位型温控器有 H、L、C 三个引出端,H-L 为手动强制开关,L-C 为温控开关。与前两类温控器一样,温控开关在常温下闭合,只有当温度降低到温度高低调节凸轮所设定的温度值时才断开。如 634 型标号的 6、3、4 端子分别对应于图中的 H、L、C 三个端子。

② 工作原理。这种温控器和普通型温控器的工作原理与结构基本相同,特点是停机温度可以进行调节,但是开机温度恒定不变(为 3℃~6℃),因此称为定温复位型温控器。当压缩机开始制冷时,箱内温度开始下降,蒸发器表面温度很快就下降到 0℃以下,直到下降到温度高低调节凸轮所设定的位置时,触头 L-C 断开,压缩机停转,箱内温度回升。当箱内温度上升到 5℃左右时,温控开关 L-C 自动闭合,压缩机起动,电冰箱恢复制冷状态。

(4) 温感风门型温度控制器(WMF 系列)。

① 结构。此类温度控制器用于间冷式双门双温电冰箱,对冷藏室内的温度进行控制。其主要由波纹管、感温管、活动风门、杠杆、弹簧等组成,如图 2-18 所示。

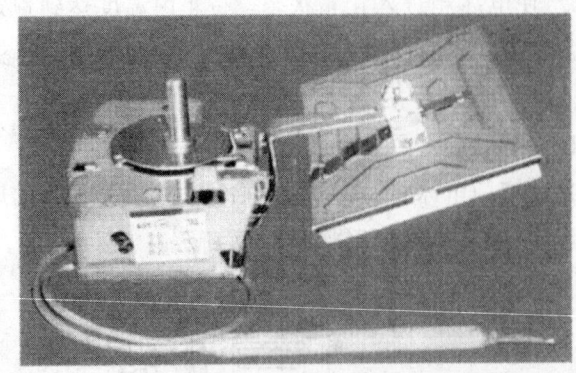 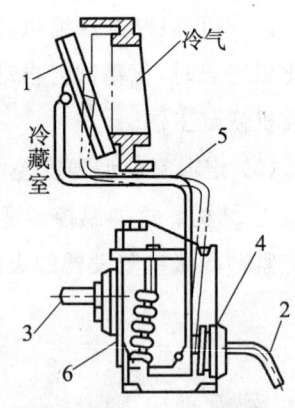

图 2-18 温感风门型温度控制器

② 工作原理。温感风门型温度控制器不是直接控制压缩机的开停,而是在间冷式电冰箱中用以控制通向冷藏室风门的开度。它没有电气部分,即没有触头,不接入电路,因此在电路中无法反映出来,有冷冻室温控器控制压缩机的起停。温感风门型温度控制器的工作原理与前面三类温控器一样,也是利用感温剂压力随温度变化的特性,通过转换部件带动并改变风门开闭的角度,控制冷藏间的风量,以控制冷藏室温度。当箱内温度过高时,风门的开口大些,以便使更多的冷空气进入冷藏室;当箱内温度较低时,开口减小甚至可以完全关闭。

(5) 电子式温度控制器:电子式温度控制器利用热敏电阻作为传感器,通过电子电路控制起动继电器的开关,从而控制温度变化。

① 结构。电子式温度控制器主要由传感器、集成块、分立元件及电源电路构成,它除了控制温度外,还可以进行快速冷冻、化霜以及化霜时的温度补偿等控制。

② 工作原理。电子式温度控制器所利用的感温元件是负温度系数的热敏电阻。它将温度信号转变为电信号,与晶体管或集成电路组成的比较放大器配合,控制冰箱的工作状态,达到控温的目的。停机后随着箱内温度的升高,热敏电阻的阻值不断减小,起动继电器吸合电流增大。当箱内温度升高到设定的温度时,起动继电器吸合,接通压缩机电源电路,系统开始制冷,箱内温度开始逐渐下降。随着温度的下降,热敏电阻的阻值不断增大,通过起动继电器的电流就会变小。当箱内温度下降到设定值时,起动继电器的电流小于释放电流,起动继电器就释放,压缩机电动机断电,停机。停机后电冰箱内温度又逐渐升高,热敏电阻的阻值不断减小,使电路进行下一次循环,从而实现了冰箱内温度的自动控制。

(三) 温度控制器的常见故障及检修方法

(1) 温度控制器常见故障:温度控制器的故障时有发生,其故障现象有以下几种。

① 压缩机不停机,电冰箱结霜正常,门封良好,箱内温度已降到很低,但是冰箱仍不停机。

② 压缩机不起动,电冰箱通电后,照明灯亮,压缩机、起动继电器都正常但是压缩机

却一点声音也没有。

③ 箱内温度不正常,温度控制器挡位于正常位置,当箱内温度没有达到预定温度时,电冰箱就自动停机;温控器挡位位于较低挡时,箱内反而过冷。

(2) 温控器典型故障的检修。

① 机械式温度控制器。温度控制器感温管固定不良。当温度控制器感温管与所贴压的蒸发器表面固定松动、脱位、错装位置时,由于感温器失控,均会引起冷藏室和冷冻室蒸发器温度一直下降,压缩机长时间工作不停机。如果将温控器逆旋,置于"1"挡无效,应重点复查感温管与蒸发器表面固定是否异常。如果不是上述故障,则多数是温度控制器触头粘连或感温腔内感温剂微漏等引起的,应拆下温度控制器检修。

感温腔内感温剂泄漏。当温度控制器感温腔内感温剂泄漏时,泄漏量不同,故障现象也不同。微漏时,其温控触头常闭不开,压缩机长时间开机不停机;全部泄漏时,温控器触头常开不闭,压缩机长时间停机不开机。遇到这两种故障现象时,应调节温度控制器旋钮验证确定。若长停不开可以用一段导线短接温控器接线插片起动压缩机试验,若起动运行,则说明感温剂全部泄漏;如果调解温度控制器后压缩机仍长时间开机不停机,则说明温控器失灵应修换。

对感温剂泄漏故障的修复,由于充注感温剂的工艺比较复杂,一般的修理单位没有条件,只能更换相同规格的温控器。如果条件允许可以按以下步骤重新填充感温剂修复,其操作方法如下。将该温控器感温管尾部断开,连接一个修理阀,修理阀与 R 12 钢瓶阀连接,充注 R 12 气体到 0.3 MPa 后,全部放于水中检漏。查出漏孔用锡焊补漏合格后,将温度控制器两个接线插片分别与万用表电阻挡两表笔相接,再将温度控制器旋钮旋至"1"挡位置,开启制冷剂钢瓶阀门向感温腔内充注气体。经过五充五放将感温腔内空气全部带出后,再缓慢开启钢瓶阀正式向感温腔内充注 R 12 制冷剂气体。当万用表指针突然指向 0 Ω 时,说明温度控制器触头闭合,此时迅速关闭钢瓶阀门、修理阀,停止充注。这时观察修理阀上的压力值在环境温度 12℃时应为 0.28 MPa,15℃时应为 0.3 MPa,20℃时应为 0.31 MPa,25℃时应为 0.32 MPa,30℃时应为 0.33 MPa,说明充注压力适当,用封口钳快速封闭感温管尾部的连接管,再用气焊封死,即可装机使用。一旦温控器动作温度达不到开机和停机的要求,可以根据温控器的类型和型号参考上述调试方法恢复。需要说明的是,在填充感温剂时若环境温度过低达不到钢瓶内压力时,可以将钢瓶放于热水中以增大压力。

触头粘连。若制冷正常时,压缩机长时间开机不停机而箱内温度一直下降,同时将温控旋钮由冷点旋向热点无效时,多数由于触头粘连引起。引起这一故障的原因较多,一般是在电路自动通断过程中出现拉弧而使静触头熔结在一起所引起的,其排除方法如下:先将粘连的温度控制器取下,记好接线插片的位置,然后用螺钉旋具撬开温度控制器外壳中的固定点,即可取出触头绝缘座板。用薄刀片将座板上动触头与静触头撬开,再用细纱布插入动、静触头之间反复拉擦,直到表面光滑后再装配。装配时应将感温管放置冷冻室内冷却,以使感温剂收缩,感温头由硬变软即可按拆卸时的反向顺序顺利装入。

② 温感风门型温度控制器故障。

人为失控。风口与活动风门之间人为完全关闭或完全开启,关闭时风量不足制冷效果不好,开启时风量较大不利于保鲜。这时候可以用手感风口风量来验证,如果完全关闭或完全开启,即可手调温度控制器上的旋钮恢复。

自然损坏。自然损坏主要指调节旋钮损坏或风门变形等。与人为失控的验证方法一样应看其损坏部位进行修换。

感温剂泄漏。温感风门型温度控制器感温剂发生泄漏,活动风门表现敏感,将会停在某个位置上,停止自动开或关。如判定风门为静止状态,则确定感温剂泄漏,需要更换新件。

③ 电子式温度控制器传感器故障。电子式温控器传感器的电阻值是否随温度变化,是判断传感器好坏的主要依据。正常情况下,传感器在15℃时的阻值为 4.5 kΩ,10℃时的阻值为 5 kΩ,0℃时的阻值为7.95 kΩ,-5℃时的阻值为 10.5 kΩ,-10℃时的阻值为 13 kΩ,-18℃时的阻值为20 kΩ。

判断传感器失灵的方法主要有以下三点。

一是打开冰箱背部接线盒,拔下引线插接片,用万用表 R×1 k 挡检测插接片两端传感器的阻值。若电阻值与其所处冷藏室或冷冻室实测温度对应的电阻值相符则说明完好,反之为损坏。

二是在拔下的插座孔内并联一个 2 kΩ 电阻器进行验证,如果能开机说明传感器损坏。

三是粗略判断传感器失灵时,将冰箱内引入线断开取出传感器后,用万用表配合手捏或用热毛巾加热传感器外壳测电阻。如果测量时电阻值由大变小,则说明正常;若电阻值无限大,则说明断路损坏。

确定传感器失灵后,应更换同型号的配件。若无相同型号,可选用 SWF9-A1 型传感器用于冷冻室,SWF9-A2 型传感器用于冷藏室,来替代原来的配件。

四、电冰箱融霜电气元件

(一)融霜电气元件的组成与作用

(1)除霜定时器的结构及作用。除霜定时器又称为融霜定时器、化霜定时器、除霜计时器和定时化霜时间继电器,简称定时器。起作用时控制除霜加热器定时工作,为电冰箱自动除霜,是间冷式冰箱化霜电路中实现定时化霜的主要控制部件。

除霜定时器由微型钟表电动机、齿轮传动箱和触头凸轮机构组成,其实物及结构图如图 2-19、2-20 所示。

图 2-19 除霜定时器实物图

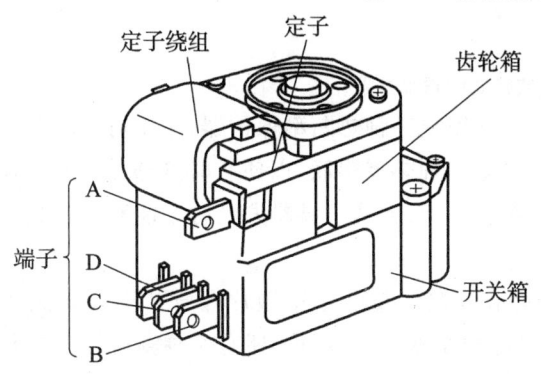
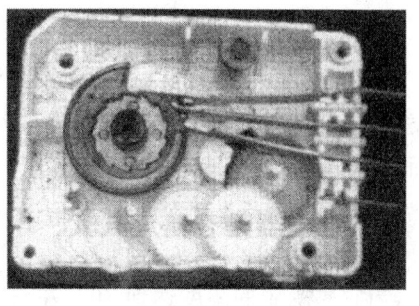

图 2-20 除霜定时器结构图

(2) 双金属恒温器的结构及作用。双金属恒温器又称为双金属开关、化霜温度控制器，其作用是与除霜定时器配合进行除霜，是除霜加热器的控制部件，在化霜电路中具有温度控制作用。

双金属恒温器由金属片、热敏器、传动销、触头、触头弹簧、接线端子等组成，实物及结构图如图 2-21 所示。

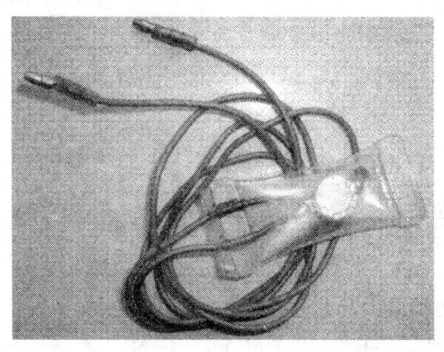
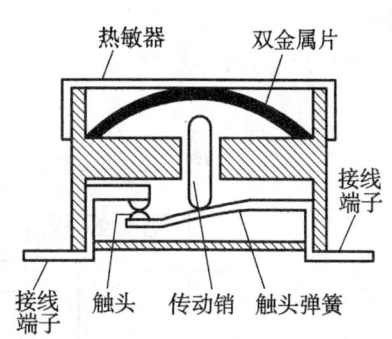

图 2-21 双金属恒温器实物图和结构图

(3) 除霜加热器的结构及作用。除霜加热器的作用是在电冰箱化霜时对蒸发器进行加热，从而达到融化其表面霜层的作用。

除霜加热器又称化霜加热器，常用的为玻璃管式加热器，是将盘状加热丝装入石英玻璃管中，两端用硅橡胶等密封而成，故俗称为化霜管，其实物及结构图如图 2-22 所示。

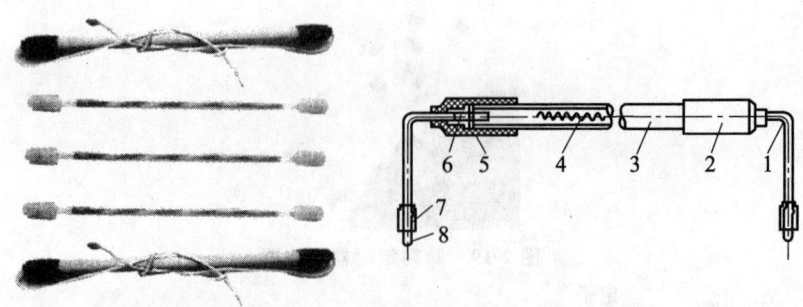

图 2-22 玻璃管式除霜加热器

（4）温度熔断器的结构及作用。温度熔断器是一种热断型保护器，用于自动化霜电路中，安装位置在蒸发器上或蒸发器附近，与除霜加热器串联，以使它时刻感受蒸发器表面的温度变化。其调定断开温度为65℃～70℃，在双金属恒温器失灵时不能断开除霜加热器，而使其一直发热时起保护作用。

温度熔断器与双金属恒温器一样紧紧卡装在无霜电冰箱翅片盘管式蒸发器的表面，当它感受到的温度达到76℃左右时，温度熔断器自行熔断。还有一种温度熔断器是采用居里点温度为65℃左右的PTC元件，这种熔断器也可以起到保护作用，而且可以重复使用。

（二）除霜电气元件工作原理及特点

（1）除霜定时器：除霜定时器电动机与压缩机同时运转，当压缩机累计运行数小时后，蒸发器上会结有一层霜。此时，除霜定时器开关将自动转换到除霜电路，同时切断除霜定时器电动机和压缩机电源，除霜加热器对蒸发器等器件进行化霜。化霜结束后，除霜定时器开关会自动转换到制冷电路，此时压缩机起动，开始重新工作，除霜定时器开始重新计时。

如图2-23所示，为上菱BCD-165、BCD-180型电路图。下面分析其自动化霜控制原理。

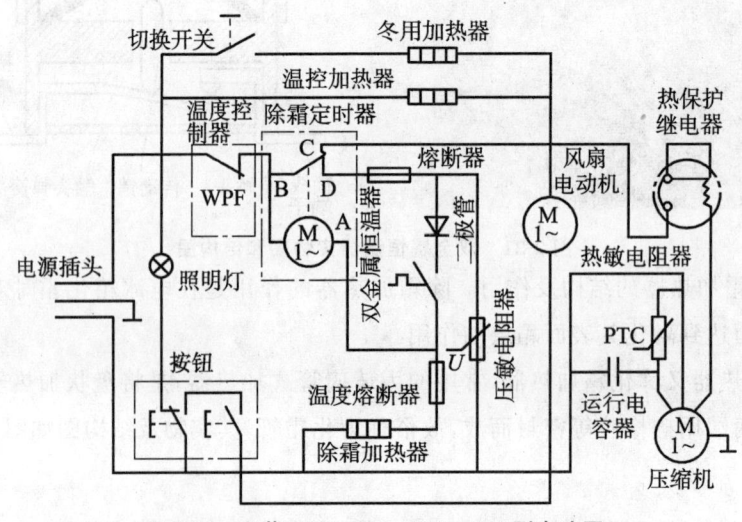

图 2-23　上菱 BCD-165、BCD-180 型电路图

假设图 2-23 中的触头位置为一次化霜终了，触头 B、C 刚刚接通压缩机电路，除霜定时器电动机与压缩机同步运转。电源插头一端→温度控制器→除霜定时器→温度熔断器→除霜加热器→电源插头另一端形成一条控制回路。由图 2-23 可见，除霜定时器的电动机与除霜加热器串接在一条支路上，由于除霜定时器电动机的阻值约为除霜加热器阻值的 22 倍，因此加到除霜加热器上的电压仅仅为电源电压的 1/23，产生的热量甚微，而除霜定时器电动机基本承受着正常的运行电压。

当压缩机运转到调定的化霜时间间隔时，除霜定时器的动触头 CB 断开压缩机电动机支路，接通双金属恒温器和除霜加热器的化霜支路。由于双金属恒温器的电阻可以忽略不计，故此时电源电压全加到了除霜加热器上，实现了强制电热除霜。电流通过熔断器、二极管、双金属恒温器、温度熔断器，是使除霜加热器通电加热。

随着化霜的进行，蒸发器的温度不断升高。当温度上升到 8℃±3℃时，化霜回路的双金属恒温器断开，化霜回路被切断，除霜加热器停止加热。此时由于除霜定时器电动机线圈电阻阻值远远大于除霜加热器电阻值，故电源电压几乎全部加在除霜定时器电动机线圈上，除霜定时器电动机开始运转。运行约 140 秒后，除霜定时器便断开触头 BD，接通触头 CB，从而接通压缩机回路，使电冰箱进入正常制冷循环。

此后，蒸发器表面温度很快下降，直至双金属恒温器的复位温度达到 -5℃时，双金属恒温器的触头再次闭合，为下一个化霜周期做准备，从而实现了全自动除霜的目的。

当电冰箱运行于化霜阶段，如果某种原因致使双金属恒温器的触头发生粘连，即在化霜后，蒸发器表面的温度超过了 13.5℃后触头无法跳开，这将使蒸发器继续被加热。当达到一定温度时，化霜温度熔断器断开，以防止因温度继续升高而使蒸发器管路发生爆裂。

(2) 双金属恒温器。双金属恒温器的两接线端子引出线，将其串联在化霜电路中。双金属片是一种无电加热元件，其热量由压在蒸发器上部储液管壁面的热敏器直接接受的蒸发器表面的热量传导而来。双金属恒温器的双金属片会随着温度的变化而产生形变，使触头自动接通或断开。

双金属恒温器在 8℃以上时呈断开状态，在 -5℃以下呈接通状态。双金属恒温器安装在蒸发器的侧面。在电冰箱制冷正常时，双金属恒温器的触头始终导通；在除霜过程中，当蒸发器的温度升高到设计温度时，双金属片变形，压迫传动销，使触头被顶开而切断化霜电源，使除霜加热器停止工作。当蒸发器表面温度达到 -5℃左右时，双金属片复位松开传动销，使触头闭合，接通除霜加热器电路，准备再次化霜。

(3) 除霜加热器。玻璃管式除霜加热器均悬挂在翅片盘管式蒸发器底部，由隔水罩套卡固定。当电冰箱除霜定时器接通化霜电路，电冰箱处于自动除霜状态时，由于化霜加热丝装在石英玻璃管中，加热丝通电后，便透过石英玻璃产生红外辐射，从而实现融化蒸发器表面霜层目的。采用红外辐射可以大大提高加热效率，装有此类加热器的自动化霜系统，不设风门加热器、排水加热器，也可实现化霜的目的。但是化霜过程中只能将化霜水通过蒸发器底部的隔水罩，也就是化霜管上部的隔水罩，使其绕路流入排水管内。一旦 0℃的霜水滴在石英玻璃管上，将会导致该管炸裂。

另一种铝管式除霜加热器是将电热丝装入直径为 4 mm 填充有绝缘材料的铝管中，使铝管与电热丝之间不导电，铝管两端用硅橡胶密封，将其两端导线引出，然后将铝管弯曲成蒸发器盘管状，以水平地夹压在翅片盘管式蒸发器翅片中。其额定电压为 220 V，加热功率多为 130 W，这种结构形式的除霜加热器需要与排水加热器或风门加热器配套使用。

(4) 温度熔断器。圆状体温度熔断器的感温剂是熔融材料，常温时呈固态。其动作前弹簧被压紧，使电路接通。在化霜加热正常进行时，感温剂保持固态。如果双金属恒温器因故障不能在化霜结束后切断除霜加热器电路，则除霜加热器继续升温，蒸发器与电冰箱内的温度不断升高，当温度超过 65℃，达到感温剂的熔点时，固态感温剂融化，体积缩小，致使弹簧松开、触头弹开，切断除霜加热器电路，从而保护了蒸发器及箱内的内胆等零部件。

(三) 融霜电气元件的常见故障及检修方法

(1) 除霜定时器的检修。除霜定时器触头频繁通断，使用时间长了会出现触头接触不良或粘连、除霜定时器线圈被烧坏而断路、定子和转子之间卡阻等现象，引起除霜定时器不运转，造成其不除霜或压缩机不工作。检查时断开电源，用万用表 R×1 k 挡测量除霜定时器电动机绕组两端的电阻值，正常值为 8 kΩ，如果为无穷大则说明线圈开路，已经损坏。

除霜定时器触头接触不良，会引起压缩机制冷回路或化霜回路不正常；当触头粘连时，又会引起电冰箱边化霜边制冷，导致电冰箱内温度升高、工作电流偏大。遇到这种故障现象时，可以在断开电源情况下，用万用表电阻挡，参考电路中除霜定时器连接的触头位置，通过重点检测插片通断确定，然后视其损坏部位或拆修或更换新件，一般应更换同型号的除霜定时器。

(2) 双金属恒温器的检修。当双金属恒温器化霜终了达到其触头断开温度而不能断开时，将使除霜加热器一直通电发热，直到箱内胆部件被烧毁或温度熔断器熔断为止；当制冷温度达到其触头复位温度而不能复位时，将会使除霜加热器一直不能通电发热。因此，检修双金属恒温器是检修化霜电路的重要内容。

双金属恒温器在常温下呈接通状态，其好坏难以鉴别。如果需要验证其好坏时，应将双金属恒温器置于 −5℃ 至 −15℃ 的冷冻室内，两连接导线置外；数分钟后，用万用表电阻挡检测，两根导线之间若为通路，而且把双金属恒温器取出后，若在常温下很快断开，则说明其正常，反之为损坏。由于双金属恒温器结构简单、造价低，遇到其失灵损坏时一般更换新件。

(3) 除霜加热器的检修。除霜加热器损坏时会引起冰箱不化霜，制冷效果差。除霜加热器损坏多为开路，故障率较高，原因多是内部进水被腐蚀，只能更换相同规格的除霜加热器。检查时，将除霜加热器的两接线插头拔下，不必拆下除霜加热器，可用万用表电阻挡直接测量两插头之间的电阻值。正常时应为 300~500 Ω，为无穷大时，说明除霜加热器已经损坏。也可以不用万用表检查测量，拆下除霜加热器直接观察期内部金属丝，如果内部发白断裂则说明损坏。

(4) 温度熔断器的检修。温度熔断器的检修主要是对它的故障现象的判断。温度熔断器熔断后将使除霜定时器线圈处于短接状态,线圈的短接不能使除霜定时器电动机通电运转,其触头就无法跳回接通压缩机回路,造成电冰箱长停不开机。遇到这种情况应重点检测温度熔断器是否熔断。由于其造价低,一旦熔融变形后则无法复原,为一次性使用器件,因此当其熔断变形时应更换新的温度熔断器。

项目实施

检测压缩机电机

一、工作准备

(一) 检测仪表、工具的准备

万用表、压缩机、电动机。

(二) 设备、器件的准备

实训室内应保证工作环境干净、整洁,远离火源。

(三) 场地的布置

保持场地良好通风。

二、工作程序

(一) 调试测量仪表

将万用表调到 R×1 挡,调零。

(二) 数据的测量记录

用万用表分别测出各个端子之间的阻值即 R_{CM}、R_{CS}、R_{SM}。

(三) 压缩机接线端子的判断

若 R_{SM} 阻值最大,则端子 C 为公共端;剩下的两个端子若 $R_{CS}>R_{CM}$,则说明 M 为运行端,S 为起动端。正常情况下,各阻值应符合:$R_{SM}=R_{CM}+R_{CS}$。

三、注意事项

测量和起动压缩机应注意的问题:

普通压缩机电动机运行绕组的阻值一般为 8～10 Ω,起动绕组的阻值一般为 20～26 Ω。旋转式压缩机电动机运行绕组的阻值一般为 20～35 Ω,起动绕组的阻值一般为 10～100 Ω。三个接线端子与封闭机壳之间的电阻值大于 2 MΩ。无论是往复活塞式压缩机的电动机还是旋转活塞式压缩机的电动机,其运行绕组和起动绕组之和等于总绕组的电阻值。

修理电动机被烧毁的电冰箱,要根据受污染程度确定是否需要对制冷系统进行清理,以防止电动机被烧毁时产生大量氧化物和酸性物质对制冷系统造成腐蚀、堵塞等不良影响。

四、评价标准

序号	考核内容	考核要点	配分	评分标准	扣分	得分
1	器具准备	按要求准备好工具与材料	1.5	准备完全正确得1.5分,否则不得分		
2	端子判断正确无误	正确使用工具,端子判断正确	5	(1) 万用表使用正确无误得2分,忘记调零扣1分,挡位选择错误扣1分 (2) 测量数值正确,有记录得1分,否则该项不得分 (3) 压缩机端子判断正确无误得2分,错误扣2分		
3	能正确回答老师提出的问题	正确复述操作注意事项	2	复述关键点一项错误扣0.5分,扣完为止		
4	安全操作	按照安全要求进行操作	1	能够按照安全操作规定进行操作得1分,否则不得分		
5	善后工作	按要求清理工作现场	0.5	善后处理及时,否则不得分		
	合计		10			

检测压缩机起动保护元件及温控器

一、工作准备

(一) 检测仪表、工具的准备

万用表、PTC起动继电器、蝶形热保护继电器、普通型温控器。

(二) 器件的准备及场地的布置

实训室内应保证工作环境干净、整洁,远离火源。

二、工作程序

(一) 调试测量仪表

(1) 用万用表R×1挡将两表笔分别接触PTC两孔内金属。

(2) 用万用表的两只表笔分别连接蝶形热保护继电器的两个连接引脚。

(二) 起动、保护元件的测量判别

(1) 表针指示阻值为0,表明PTC已损坏。

(2) 测得热保护继电器两引脚直接按的阻值为无穷大,说明热保护继电器已经损坏。

(三) 温控器的测量判别

(1) 将温控器从冰箱取出,置于箱外常温环境中,其开关触点是导通的,因为箱外常温高于温控器导通的温度点,用万用表测量温控器两个触点之间的阻值为0Ω。

（2）将温控器上的调温旋钮逆时针旋到底,将其放入一台正常制冷的电冰箱内15分钟后,用万用表测量温控器两触点间阻值为无穷大,则可判断该温控器质量良好。

三、注意事项

测量判断时应注意的问题：

经检测,如果确定温控器已损坏,一般只能进行更换。同一型号的温控器可以直接更换,即原来是普通的只能用普通型代换,原来是定温复位型的只能用定温复位型代换,否则会人为地造成电冰箱不能正常工作。如要用其他型号的温控器代换,除应考虑其外形及几何尺寸外,还得注意它们两者的温度参数和电参数应与原温控器相同。

四、评价标准

序号	考核内容	考核要点	配分	评分标准	扣分	得分
1	器具准备	按要求准备好工具与材料	1.5	准备完全正确得1.5分,否则不得分		
2	判断正确无误	正确使用工具,判断正确	5	（1）万用表使用正确无误得2分,忘记调零扣1分,挡位选择错误扣1分 （2）测量数值正确,有记录得1分,否则该项不得分 （3）PTC、热保护继电器及温控器判断正确无误得2分,每错误一处扣1分,扣完2分为止		
3	能正确回答老师提出的问题	正确复述操作注意事项	2	复述关键点一项错误扣0.5分,扣完2分为止		
4	安全操作	按照安全要求进行操作	1	能够按照安全操作规定进行操作得1分,否则不得分		
5	善后工作	按要求清理工作现场	0.5	善后处理及时,否则不得分		
	合计		10			

检测电冰箱融霜电气元件

一、工作准备

（一）检测仪表、工具的准备

万用表、除霜加热器、除霜温控器、加热除霜超热保护器。

（二）器件的准备及场地的布置

实训室内应保证工作环境干净、整洁,远离火源。

二、工作程序

（一）调试测量仪表

将万用表调到 R×1 挡，调零。

（二）各融霜电气元件的测量判别

（1）用万用表测量除霜加热器电热丝的电阻为 200～350 Ω，说明加热器可以正常使用。

（2）用万用表测量加热除霜保护器电阻值为无穷大，说明保护器已熔断，应更换新件。

（3）将除霜温控器放入正常制冷运行的电冰箱冷冻室内 20 min 后取出放于常温环境中，立即用万用表测量温控器两个开关触点之间的阻值应为零，待其温度回升后能听到触点跳开的声音，而且两开关触点跳开后触点间电阻值应为无穷大，则温控器质量良好。

三、注意事项

测量判断时应注意的问题：

在除霜装置中，化霜定时器是核心元件，它根据压缩机的运转累计时间来控制除霜时间间隔。电冰箱工作中，当箱内储存的食品数量不变时，蒸发器表面结霜的厚度和压缩机运行时间长短有关。而箱门打开的次数越多，打开的时间越长，压缩机的运转时间就越长，进入箱内的湿空气就越多，箱内的结霜厚度就越厚。因此自动除霜的时间可以用压缩机运行的累计时间来确定，一般为 8 h 自动除霜一次。

四、评价标准

序号	考核内容	考核要点	配分	评分标准	扣分	得分
1	器具准备	按要求准备好工具与材料	1.5	准备完全正确得 1.5 分，否则不得分		
2	操作判断正确无误	正确使用工具，融霜元件测量判断正确	5	(1) 万用表使用正确无误得 2 分，忘记调零扣 1 分，挡位选择错误扣 1 分 (2) 测量数值正确，有记录得 1 分，否则该项不得分 (3) 判断正确无误得 2 分，每错误一处扣 1 分，扣完 2 分为止		
3	能正确回答老师提出的问题	正确复述操作注意事项	2	复述关键点一项错误扣 0.5 分，扣完为止		
4	安全操作	按照安全要求进行操作	1	能够按照安全操作规定进行操作得 1 分，否则不得分		
5	善后工作	按要求清理工作现场	0.5	善后处理及时，否则不得分		
	合计		10			

知识拓展

照明灯、风扇

照明灯开关、照明灯等通常和温度控制器安装在一起,电冰箱内的照明灯一般安装在冷藏室内右侧壁上或冷藏室顶部,通过门框上的按压开关进行控制。照明灯一般为钨灯,额定电压为 220 V,额定功率在 15 W 以下。照明灯为冷藏室存取物品时照明使用,只受冷藏室箱门的控制,通过箱门门开关达到门开灯亮、门关灯灭的效果。

在双门间冷式电冰箱中,冷冻室装有一个风扇,使冰箱内空气强制对流,将降温后的冷空气按照规定的路径分配给冷冻室和冷藏室。在间冷式冰箱中,当箱门关闭时,风扇开关闭合,风扇转动;当箱门打开时,风扇开关断开,风扇停止运转,以减少冷气泄漏。照明灯与风扇的实物图如图 2-24 所示。

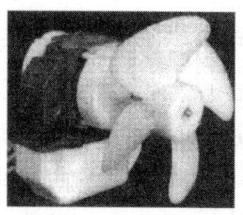

图 2-24 照明灯、风扇实物图

电磁阀

二通电磁阀通常安装在冷凝器出口处,作用与压差阀基本相同,不同之处是它依靠电能来控制。图 2-25 所示为二通电磁阀实物图。

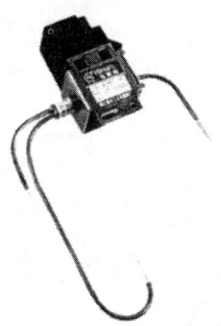

图 2-25 二通电磁阀实物图

二通电磁阀由阀孔通道、线圈、铁芯、弹簧和外罩等组成。阀口安装方向有箭头标注,进口端与干燥过滤器相接,出口端与毛细管相接。二通电磁阀在通电前,进出气管关闭,此时电磁阀的进出气管之间不应有漏气现象。它的开启与压缩机同步,在压缩机工作时,电磁阀通电,阀孔打开;压缩机停机时,电磁阀断电,阀孔关闭,以防止高压侧制冷剂进入蒸发器,既有利于延长蒸发器保温时间,又能避免压缩机再次起动时发生液击现象。

项目二 典型家用制冷器具电气控制电路

学习目标

1. 掌握典型直冷式电冰箱电气控制电路的特点；
2. 掌握典型间冷式电冰箱电气控制电路的特点；
3. 熟练画出典型直冷、间冷式电气控制电路图。

知识平台

一、典型直冷式电冰箱电气控制电路

直冷式电冰箱的电气控制电路由于各生产厂家的不同，在电路设计上略有区别，但压缩机的电气控制方式基本类似，常见的控制电路有阻抗分相式起动（RSIR）、电容起动式（CSIR）两类，其中常用重锤式起动继电器和 PTC 做起动器。直冷式单门电冰箱和直冷式双门电冰箱的控制电路也稍有区别。

典型单门电冰箱电路是电冰箱最基本的控制电路。

（一）重锤式起动器冰箱的电气电路

如图 2-26 所示，该电路由温控器、过载保护器、压缩机、重锤式起动器、起动电容、箱内照明灯、门开关等组成。

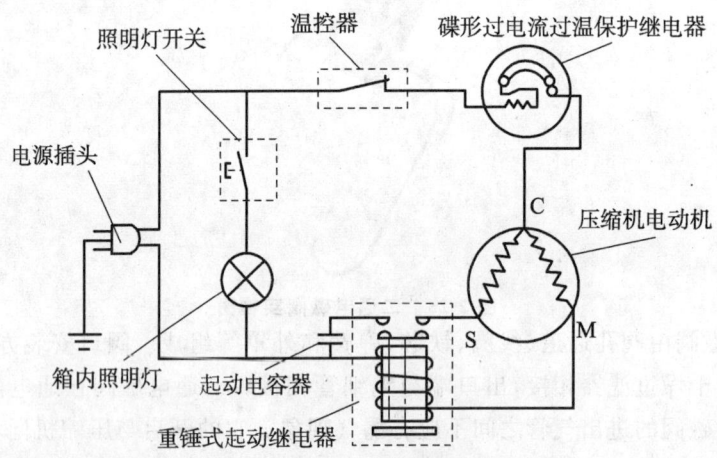

图 2-26　重锤式起动器冰箱的电气电路图

电路工作原理：当电动机未运转时，重锤式继电器的衔铁由于重力作用而处于下落位置，与它相连的动触点与静触点处于断开状态。电动机接通电源后，电流通过运行绕组和起动器的励磁线圈，使起动器的励磁线圈强烈磁化，磁场引力大于衔铁的重力，从而吸起衔铁，使动触点与静触点闭合。将起动绕组的电路接通，电动机开始运转。随着

电动机转速的加快,当达到额定转速的75%以上时,运行电流迅速减小,使励磁线圈的磁场引力小于衔铁的重力,衔铁因自重而迅速落下,使动、静触点脱开,起动绕组的电路被切断,电动机起动过程结束。之后电动机转子在主绕组的交变磁场作用下继续运转进入正常运行状态。电路中起动电容的作用是增大起动转矩,改善电动机的起动性能,还可以避免压缩机每次起动时对其他家用电器产生干扰。重锤式起动继电器的优点是体积较小,可靠性强。但当电压波动较大时,容易因触点接触不良或粘连而引起电动机故障或损坏。

由于重锤式起动器在起动绕组电路接通或断开的瞬间,易产生电火花,不能用在R600a的冰箱上,因为R600a是一种易燃易爆制冷剂,起动时有打火的现象,将造成危险。

(二) PTC起动式冰箱的电气电路

一些冰箱中使用PTC起动器进行起动,电路如图2-27所示,起动方式为电阻分相式起动,内埋式热保护继电器串联在电动机电路中。PTC是正温度系数热敏电阻Positive Temperature Coefficient英文缩写。

电路工作原理:当电动机刚接通电源起动时,由于PTC元件呈低阻状态,因而起动绕组得以通过较大的电流,于是在起动和运行绕组产生的椭圆形旋转磁场作用下,电动机起动运转。由于较大的起动电流流过PTC元件,使PTC元件发热,自身温度上升。经过0.35 s左右即可进入PTC元件的特性区,使温度超过居里点,PTC元件的阻值随温度上升而急剧增加,呈高阻状态,使通过起动绕组的电流迅速减少到近于截止状态,电动机进入正常运行。显而易见,PTC元件相当于一个无触点开关,控制起动绕组中电流的"有""无"。应注意的是,电动机正常运转后,起动绕组和PTC元件支路仍有一个很小的电流流过,这个电流维持PTC元件自身的温度,使其保持高阻状态。停机后,由于PTC元件的热惯性,使其不能立即降温,需经过3~5 min温度才能降到居里点以下,所以,采用PTC元件起动的电冰箱,两次起动的时间间隔应大于3~5 min。

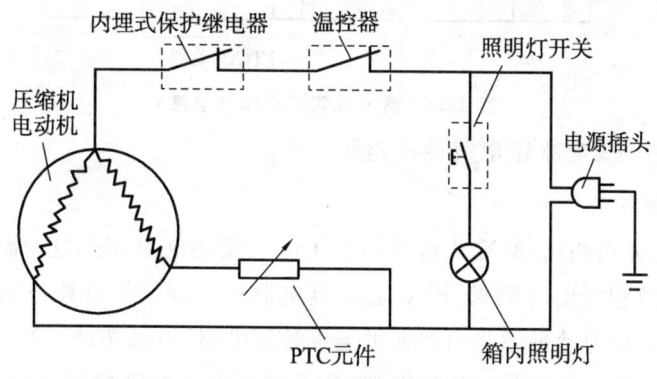

图2-27 PTC起动器冰箱的电气控制电路图

(三) 直冷式双门电冰箱电路

如图2-28所示,该电路采用定温复位型温控器。温控器直接控制冷藏室温度,间接控制冷冻室温度。不论停机温度的高低,当冷藏室蒸发器温度达到+5℃左右时,才复位开机。这样,当压缩机每开停一次,即自动化霜一次,使冷藏室和蒸发器常处于无霜状态。

双门直冷冰箱控制电路工作原理:双门直冷式电冰箱控制电路与单门直冷式电冰箱的控制电路大致相同。当电源接通时,电流经插头端→温控器→过载保护器→压缩机与起动器进入插头另一端,压缩机通电运转。箱内照明灯由门开关控制。图 2-28 中电加热回路是利用温控开关来控制其通断的,L 与 C 为温控器的温控开关,在此开关两触点之间并连了一个箱内加热丝。电热丝一般为 10~15 W,电阻值比压缩机电动机阻抗值大数百倍。当压缩机运转 L 与 C 接通时,由于加热丝被 L 与 C 间的触点短接,加热丝就无法通电发热,只有当冷藏室温度达到温控器设定值 L 与 C 断开停机时,电源经 L 点→加热丝开关(应在闭合状态)→箱内加热丝 H_3 和 H_2、H_1→过载保护器→压缩机运行绕组构成回路,这时加热丝便通电发热。这类电冰箱利用温控断开加热的方法较多,大致可分为温控器加热器、融霜加热器等。

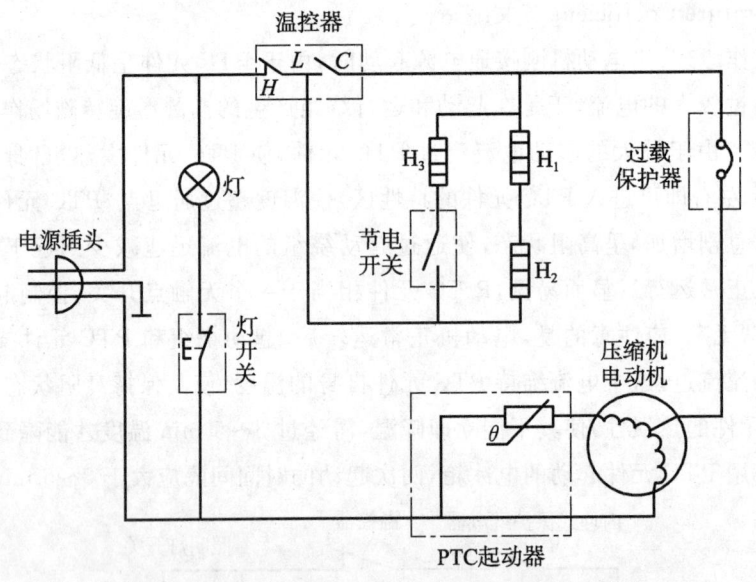

图 2-28 直冷式双门电冰箱电路

二、典型间冷式电冰箱电气控制电路

(一)电路的组成

与直冷式电冰箱相比,间冷式电冰箱多了冷风循环电路和全自动融霜电路。如图 2-29 所示,该电路包括由压缩机、PTC 起动继电器和过载保护器构成的起动与保护电路;由温控器组成的对冷冻室进行控制的温度控制电路;由融霜计时器、融霜温控器、融霜加热器和熔丝(即融霜加热超热熔断器)构成的全自动融霜控制电路;由排水加热器构成的加热防冻电路;由风扇电动机、照明灯和两个门开关组成的通风照明电路。压力式温控器装在冷冻室中,自动调节箱内温度,冷藏室的温度依靠手动调节风门大小来控

制。

(1) 定时融霜继电器又称化霜定时器,由定时器微电机、齿轮箱、开关组和外壳等组成,是全自动定时融霜系统中的关键部件。其作用是累计压缩机的运转时间,当压缩机连续运转 8~12 h(出厂时设定)后,断开压缩机接通融霜电路。

(2) 双金属融霜温控器的作用是控制融霜温度,当融霜温度达到 13℃±3℃时,切断融霜电路,-5℃时复位。

(3) 融霜加热器。间冷电冰箱的融霜加热器多采用玻璃管状加热器,其电阻值约为 320 Ω,加热功率为 120~150 W。

(4) 融霜保护熔断器又称温度保险丝,是为避免加热融霜超热而设置的,它卡装在蒸发器上,直接感受蒸发器的温度变化。

(二) 自动融霜电路工作原理

制冷控制电路:压缩机控制电路是从电源插头→温控器→化霜定时器→过载保护器→压缩机→PTC 起动继电器→电源插头的一条回路。压缩机运行,电冰箱处于制冷状态。

自动化霜控制电路:自动化霜控制电路是从电源插头→温控器→化霜定时器→双金属融霜温控器→化霜加热器→温度熔断器→电源插头这一条回路。化霜加热器等通电工作,电冰箱处于融霜状态。

化霜定时器由一个微电动机 M_1 带动凸轮使触点接通或断开。微电动机串联在温控器之后,与压缩机一起都受温控器控制,化霜加热器又与微电动机串联。由于化霜加热器的阻值(约 320 Ω)比电动机绕组阻值(约 7.5 kΩ)小很多,在温控器接通压缩机工作时,电压都加在电动机 M_1 绕组的两端,所以电动机也随着工作,并对压缩机运转时间计时。

当压缩机运转累计时间 8 h 后,化霜时间继电器的常开触点便闭合即与图 2-29 中的②接通,化霜加热器通过化霜双金属温控器得到供电,由于此时化霜温控器的触点处于接通状态,融霜计时器的计时电动机 M_1 短路,使融霜加热器和排水加热器接通加热,开始进行融霜加热,并使融霜水经排水管排出,随着蒸发器被加热融霜,使其翅片表面上的凝霜融化。当蒸发器表面周围温度上升到 13℃±3℃时,双金属化霜温控器触点断开,切断了化霜电路,停止化霜。此时化霜定时器又开始工作,并经过 2 min 后,它的常闭触点又闭合,压缩机又开始运转,进入正常的制冷循环。

化霜电路中采取了超热的安全保护措施,当双金属融霜温控器发生故障,13℃±3℃未跳开时,蒸发器温度将升高,达到 65℃左右时,串接在融霜加热器电路中的融霜保护熔断器将自行熔断,切断加热器电路防止事故的发生。融霜保护熔断器是一次性使用部件,当故障排除后,要重新更换。

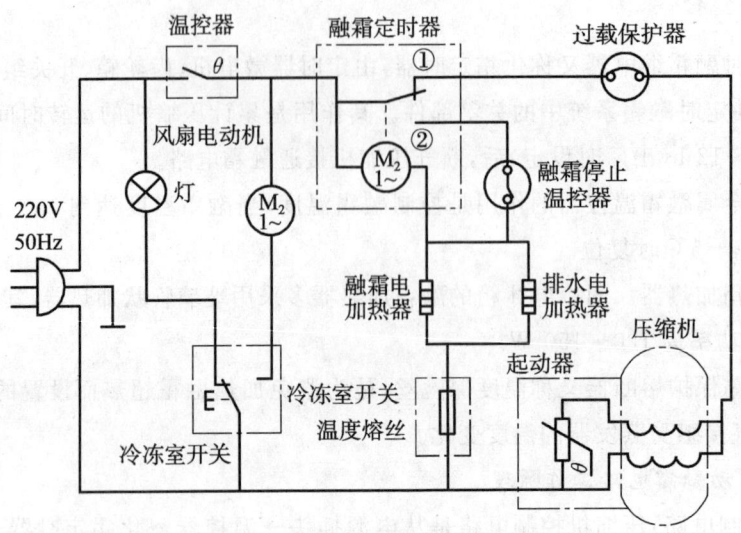

图 2-29 间冷式电冰箱电气控制电路图

(三) 其他控制电路

(1) 风扇控制电路：风扇控制电路主要电气元件有风扇电动机 M_2 和门开关。该电路是指从电源插头、温控器、风扇电动机、门开关到电源插头这一回路。

风扇控制电路是由门开关控制的。当箱门全部关闭时，风扇电动机运转。当任何一扇门打开时，由于门开关动作，使风扇控制电路断路，风扇电动机停止运转。

(2) 照明控制电路：该电路主要包括照明灯和门开关。照明控制电路主要指从电源插头、照明灯、门开关、电源插头的一条回路。照明控制电路由门开关的冷藏室门按钮控制。打开冷藏室门，则灯亮；关上门，则灯灭。

知识拓展

电冰箱微电脑控制电路构成

(一) 电冰箱微电脑控制电路

电冰箱微电脑控制电路由单片机和外围电路构成的硬件系统和软件程序组成。

随着半导体技术的发展，单片机的集成度越来越高，功能越来越多，也更加可靠，一般都包含有微处理单元、A/D 转换、输入输出接口控制等功能，有些甚至包含了 EEPROM、时钟电路、看门狗复位电路等。从应用的角度来看，只需了解其基本控制和运行功能，除信号输入、控制输出驱动、电源及辅助外围电路等硬件外，相关的控制运行是通过单片机中的软件程序来实现。

单片机的功能十分强大，制造商在开发过程中根据机型功能需要选用相应的芯片功能，图 2-30 为电冰箱微电脑控制电路结构框图，有些机型的功能电路更为简单，有些则更加复杂。外围电路由各种分立电路组成，传感器与信号电路：将采集的非电量信号或电量信号转换为电压信号，如温度传感器采集温度信号并转换为模拟电压信号、门开关采集门的机械动作并转换为开关电压信号、电源信号的电源相位检测信号、断电时间

是否超过 3 min 的检测信号。驱动电路:微电脑芯片对接收到的各种信号和用户的设定输入进行运算判断处理后,输出相应的控制信号,通过驱动电路使执行元件相应动作。辅助电路:单片机正常运行所需的辅助电路,包括电源电路、晶振电路、EEPROM 存储器、复位电路等,在有的型号中将晶振电路、EEPROM 存储器等集成在单片机内部。

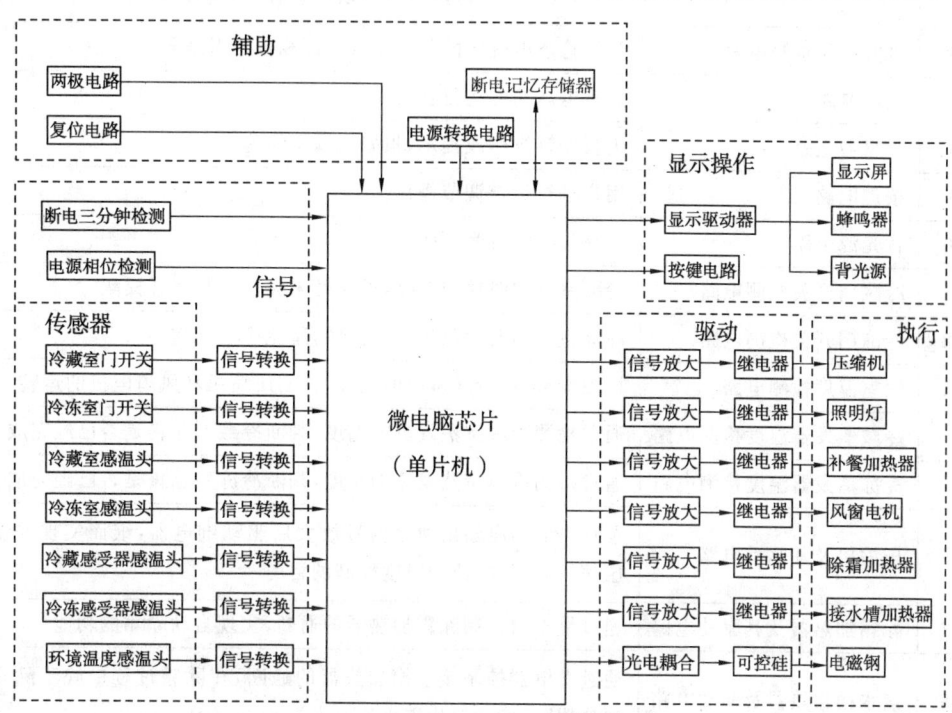

图 2-30　电冰箱微电脑控制系统结构图

（二）电冰箱微电脑控制分立电路种类与功能

电冰箱微电脑控制分立电路主要指单片机的外围电路,一般而言,图 2-30 中,除传感器和执行部分外,其他的功能模块电路均在电路板上,无论功能、性能上都没有多大的区别,各种电冰箱微电脑控制系统的电路结构大多相同或相似,这里以双循环风直冷电冰箱微电脑控制电路为例,主要分立电路的名称和功能见表 2-1。

表 2-1　常见微电脑控制电冰箱电路板分立电路功能说明

序号	分立电路名称	主要功能说明
1	电源过压保护电路	当电源电压过高时,使电路板上的熔断器动作,避免电路板上其他重要元器件损坏
2	电源转换电路	为控制系统提供 +5 V 和 +12 V 的直流电源
3	晶振电路	产生高频振荡,为单片机提供标准时钟
4	复位电路	使控制系统恢复到确定的初始状态

续表

序号	分立电路名称	主要功能说明
5	断电记忆存储电路	具有断电记忆功能的存储器,记忆用户设定值及部分运行过程参数,实现重新来电后自动恢复原有设定功能运行
6	电源相位检测电路	为双稳态电磁阀的驱动提供电源相位参考信号
7	显示电路	显示电冰箱的运行状态
8	蜂鸣器电路	进行按键操作或提示、报警时发出蜂鸣音
9	按键电路	用户进行设定调节操作
10	背光源电路	液晶显示的背光照明
11	冷藏门开关检测电路	冷藏室开门时照明灯亮,长时间未关门进行声音提醒
12	冷冻门开关检测电路	冷冻室开门时使风扇电机停转,避免冷气外散
13	间室温度检测电路	检测冷藏室、冷冻室内的温度,控制压缩机和风扇电机的运转
14	冷藏蒸发器温度检测电路	通过检测冷藏室蒸发器的温度,判断冷藏室化霜是否已经完成
15	冷冻蒸发器温度检测电路	通过检测冷冻室蒸发器的温度,判断冷冻室除霜是否已经完成
16	压缩机及其驱动电路	单片机的弱电输出通过信号放大后驱动继电器,继而实现控制压缩机的开停,达到温度控制的目的
17	除霜加热器及其驱动电路	通过继电器控制除霜加热器的通断,实现自动除霜的功能
18	接水槽加热器及其驱动电路	通过继电器控制接水槽加热器的通断,在除霜过程中晚于除霜加热器断电,确保化霜水的流出
19	照明灯及其驱动电路	通过继电器控制照明灯,实现冷藏室开门时的照明
20	风扇电机及其驱动电路	通过继电器控制风扇电机运转,利用风道将冷冻蒸发器上的冷气分配到间室内,实现制冷功能
21	电磁阀及其驱动电路	通过光耦实现强弱电隔离,同时驱动可控硅控制双稳态电磁阀的转换,即冷藏制冷循环与冷冻制冷循环的转换

项目实施

直冷式电冰箱电气线路连接

一、工作准备

(一)仪表、工具的准备

准备万用表,电工维修工具一套。

(二)设备、器材的准备

准备直冷式电冰箱电气接线图,准备直冷式电冰箱电气实训装置或电气接线板等。

二、工作程序

(一) 读电冰箱电气控制接线图

直冷式电冰箱电气控制接线图如图 2-31 所示,从接线图上可以看出,电气元器件共包括压缩机电机、过载保护器、重锤式起动器、温控器、照明灯、灯开关、电源插头。

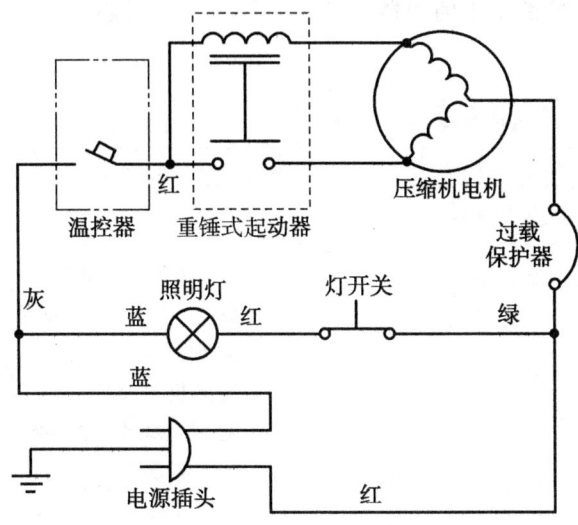

图 2-31　直冷式电冰箱电气接线图

(二) 测量电气元件

用万用表测量压缩机,确认压缩机的公共端、起动端及运行端,并检测其他电气元件是否正常,如有损坏及时更换。

(三) 进行直冷式电冰箱电气线路连接

按照接入电源走向,从电源插头的一端开始,分别连接照明灯电路和压缩机控制电路,最后将两电路汇合于电源插头的另一端。用万用表电阻挡检测各分支电路及总电路是否通路。

三、连接电路时应注意的问题

(一) 电气元件的实际位置

各电气元件在电冰箱中的具体位置,并不是像电气控制原理图那样在一个平面上前后排列有序,而是按照各电气元件的功能特点以及是否易于安装固定、方便使用者观察操作的原则,立体地、疏密不均地或隐或显地分布在电冰箱的各个部位中。其中压缩机安装在电冰箱箱体背部下方;过载保护器、重锤式起动器(或 PTC 起动器)安装在压缩机的接线盒内;温控器及温度调节旋钮、照明灯及灯开关一般共装于一个塑料照明灯盒中,再固定在电冰箱冷藏室的右上方或正上方。

(二) 电气元件接线方式

电源引入线及各电气元件之间的接线方式,并不是完全按电气控制原理图那样排列整齐、布线纵横均匀、尽量减少接点,而是根据实际方便布线、容易寻找辨认、便于维修更换、避免虚接脱落、线与线之间不产生相互感应干扰的原则,使用不同颜色的多股软线,借助各种形式的插件、插座、接线柱、接线排连接而成。当电气元件较多、布线较繁琐时,常在电冰箱箱体后背外壁设一凹形接线检测维修盒,以便于线路的维修与检测。大多数品牌的电冰箱都在压缩机旁设一分线盒,电源引入线先进分线盒,然后分两路,一路引出线进压缩机的电气接线盒,接通压缩机的起动与保护电路;另一路穿过箱体绝热层进入电冰箱冷藏室中的塑料照明灯盒中,接通温控器、照明灯等电路。

四、评价标准

序号	考核内容	考核要点	配分	评分标准	扣分	得分
1	器具准备	按要求准备好工具与材料	1.5	准备完全正确得1.5分,否则不得分		
2	电器元件连接正确无误	压缩机端子判断正确,连接正确无误	5	(1) 万用表使用正确无误得2分,忘记调零扣1分,挡位选择错误扣1分 (2) 压缩机三个端子判断正确,有记录得1分,否则该项不得分 (3) 接线正确无误2分,连接错误不得分		
3	能正确回答老师提出的问题	正确复述操作注意事项	2	复述关键点一项错误扣0.5分,扣完为止		
4	安全操作	按照安全要求进行操作	1	能够按照安全操作规定进行操作得1分,否则不得分		
5	善后工作	按要求清理工作现场	0.5	善后处理及时,否则不得分		
	合计		10			

间冷式电冰箱电气线路连接

一、工作准备

(一) 检测仪表、工具的准备

准备万用表,电工维修工具一套。

(二) 设备、器材的准备

准备间冷式电冰箱电气接线图,准备间冷式电冰箱电气实训装置或电气接线板等。

二、工作程序

(一) 读电冰箱电气控制接线图

间冷式电冰箱电气控制接线图如图2-32所示。从接线图2-32可以看出,电气元器件共包括压缩机、过载保护器、重锤式起动器、温控器、化霜定时器、化霜温控器、除霜加热器、温度保险丝、照明灯、复合门开关、风扇电动机、加热器、电源插头。

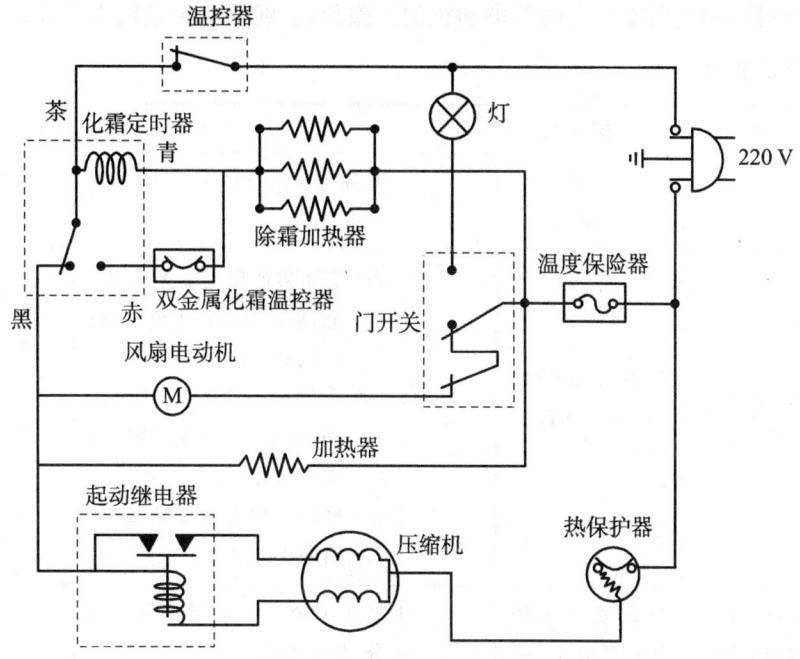

图 2-32　间冷式电冰箱电气接线图

(二) 测量电气元件

用万用表测量压缩机,确认压缩机的公共端、起动端及运行端,测量化霜定时器确认各接线端子,并检测其他电气元件是否正常,如有损坏及时更换。

(三) 进行间冷式电冰箱电气线路连接

按照接入电源走向,从电源插头的一端开始,分别连接照明灯电路和压缩机控制电路及化霜控制电路,最后将各电路汇合于电源插头的另一端。用万用表电阻挡检测各分支电路及总电路是否通路。

三、连接间冷式电冰箱电路应注意的问题

(一) 化霜定时器的位置

一般在间冷式电冰箱冷藏室后背内壁上都设置了一个塑料小方盒或塑料托盖,其内安装有照明灯、温控器、化霜定时器等电气元件。有些品牌的间冷式电冰箱将化霜定时器安装在电冰箱后背下方的压缩机旁或电气分线盒内。

(二) 区分化霜定时器的类型

国产间冷式电冰箱化霜定时器有两种类型,即Ⅰ型(又称 A 型)和Ⅱ型(又称 B 型),根据不同的型号有两种内部接线形式。虽然内部接线形式有区别,但这两种类型的化霜定时器的外部形状及接线端子形式都一样,在维修时应予以注意,不可在不改动线路的情况下直接代换使用。

化霜定时器的型号可根据其铭牌上标准的字母来确认。Ⅰ型铭牌上标注的字母为 DBZ－802－1 或 JS1－802－1,其转换触点的公共端与定时器电动机的线圈相连,线圈

电阻约为 7.5 kΩ。Ⅱ型铭牌上标注的字母为 DBZ－802－2 或 JS2－802－2 或 WS－802,其转换触点的动断端与定时器电动机的线圈相连,线圈电阻也约为 7.5 kΩ。

四、评价标准

序号	考核内容	考核要点	配分	评分标准	扣分	得分
1	器具准备	按要求准备好工具与材料	1.5	准备完全正确得1.5分,否则不得分		
2	电器元件连接正确无误	压缩机端子判断正确,连接正确无误	5	(1) 万用表使用正确无误得2分,忘记调零扣1分,挡位选择错误扣1分 (2) 压缩机三个端子判断正确,有记录得1分,否则该项不得分 (3) 接线正确无误2分,连接错误不得分		
3	能正确回答老师提出的问题	正确复述操作注意事项	2	复述关键点一项错误扣0.5分,扣完为止		
4	安全操作	按照安全要求进行操作	1	能够按照安全操作规定进行操作得1分,否则不得分		
5	善后工作	按要求清理工作现场	0.5	善后处理及时,否则不得分		
	合计		10			

国产Ⅰ型、Ⅱ型化霜定时器质量及外接端子的判断

一、工作准备

(一) 检测仪表、工具的准备

准备万用表,电工维修工具一套。

(二) 设备、器材的准备

国产Ⅰ型、Ⅱ型化霜定时器若干。

二、判别的方法及步骤

(一) 判断Ⅱ型化霜定时器质量的方法

在不通电的情况下检查化霜定时器质量的方法是用手指或一字形螺丝刀顺时针反向慢慢转动定时器手动调节轴(不可逆转),同时注意听它发出的"啪嗒"声,如无或只响一次可以断定已损坏,质量好的应能听到连续的两次响声。

可把化霜定时器理解为是一只控制压缩机主电路及除霜电路通断的转换开关。当顺时针旋转化霜定时器的手动调节轴小于30°角度听到"啪嗒"声时,表明化霜定时器触

点开关已完成了一次转换动作,接通了除霜电路,断开了制冷压缩机电路。当顺时针旋转化霜定时器的手动调节轴大于30°角度听到"啪嗒"声时,表明化霜定时器触点开关又完成了一次转换动作,接通了制冷电路,断开了除霜电路,压缩机开机进行制冷运行。

(二)化霜定时器的外接端子的判断

(1)有中文标识的Ⅱ型化霜定时器外接端子的判断:以国产 WS-802-Ⅱ型化霜定时器为例,其上的四个外接端子上都标注了中文标识,从右向左依次为"青、黑、茶、赤"四个字。

各触点的作用与接线可用万用表"R×1 k"挡进行判断:

① 顺时针方向转动化霜定时器的手动旋钮,使其位置停留在压缩机接通的制冷工作位置。用表笔分别测量四个外接端子中的任意两端子间的阻值,可测得仅标注了"赤"字的外接端子与其他三个外接端子的电阻值为无穷大(处于断开状态)。根据其内部电路原理图可知,该端子即为化霜定时器外接端子的融霜端,在实际电路中是接化霜加热丝电路的。

② 顺时针方向旋转化霜定时器的手动旋钮,使其停留在融霜位置。测得标注为"茶"字的外接端子只与标注"赤"字的外接端子的电阻值为零,则可判断"茶"字端子为化霜定时器的公共控制端,在实际电路中是接温控器的。

③ 再次顺时针方向转动化霜定时器的手动旋钮,使其第二次停留在接通压缩机的制冷工作位置。测得标注"茶"字外接端子只与标注"黑"字的外接端子的电阻值为零,则可判断"黑"字端子为化霜定时器外接端子的制冷端,在实际电路中接压缩机电动机的。

④ 测得标注"茶"字的外接端子只与标注"青"字的外接端子的电阻值约为 7 kΩ,则可判断"青"字端子为化霜定时器微型电动机线圈的外接端子,在实际电路中是接化霜温控器和化霜加热器公共连接线的。

在任何情况下,测化霜定时器"黑""青"两外接端子间电阻都约为 7 kΩ,即为化霜定时器微型电动机线圈的电阻值。

对于Ⅰ型化霜定时器外接端子的判断方法及步骤与Ⅱ型类似,同样根据其内部电路原理图用万用表测量判别。

(2)无文字标识的Ⅰ型化霜定时器外接端子的判断:以国产 DBZ-802-Ⅰ型化霜定时器为例,来判断无文字标识的Ⅰ型化霜定时器的外接端子。判断方法及步骤如下。

① 首先给化霜定时器各外接端子分别注上 A、B、C、D,将万用表调至"R×1 kΩ"挡。

② 顺时针转动化霜定时器的手动旋钮,使其停留在接通压缩机的工作位置。用表笔分别测量其中两端子间的阻值,必有一个外接端子与其他三个外接端子的电阻值为无穷大(处于断开状态),假设这个端子为 D,根据其内部电路可知,D 端为化霜定时器外接端子的融霜端。

③ 顺时针方向旋转化霜定时器的手动旋钮,使其停留在化霜位置。在剩余的三个端子间,用表笔分别测量其中两个端子间的阻值,必有一个外接端子与其他两个端子的电阻值为无穷大(处于断开状态),假设这个端子为 C,根据其内部电路可知,C 端为化霜定时器外接端子的制冷端。

④ 将万用表一个表笔接已知的融霜端(D端),另一表笔分别接化霜定时器的另外两个未知外接端子A、B,必有一次测得的结果为0Ω左右,假设这个端子为A,则可判断A端为化霜定时器的公共控制端。

若测得的结果为十几千欧左右,假设这个端子为B,则可判断B端为化霜定时器微型电动机线圈的外接端子。

判断无文字标识的Ⅱ型化霜定时器外接端子的方法与步骤同上述无文字标识的Ⅰ型化霜定时器。

三、注意问题

(1) 化霜定时器的微型电机线圈的电阻由于各生产厂家不同,其阻值略有差别,测量时需注意。

(2) 在用手或螺丝刀转动化霜定时器转轴时,速度不可过快,尤其在开始听到"啪嗒"声时,更要轻微转动。

四、评价标准

序号	考核内容	考核要点	配分	评分标准	扣分	得分
1	器具准备	按要求准备好工具与材料	1.5	准备完全正确得1.5分,否则不得分		
2	化霜定时器端子判断	化霜定时器端子判断正确无误	5	(1) 万用表使用正确无误得2分,忘记调零扣1分,挡位选择错误扣1分 (2) 正确判断化霜定时器完好得1分,错误扣1分 (3) 化霜定时器端子判断正确无误得2分,判断错误该项不得分		
3	能正确回答老师提出的问题	正确复述操作注意事项	2	复述关键点一项错误扣0.5分,扣完为止		
4	安全操作	按照安全要求进行操作	1	能够按照安全操作规定进行操作得1分,否则不得分		
5	善后工作	按要求清理工作现场	0.5	善后处理及时,否则不得分		
	合计		10			

单元三 制冷系统维修

项目一 家用制冷器具常用制冷剂、冷冻油知识

1. 了解制冷剂的替换问题；
2. 了解冷冻油的功能及选用；
3. 掌握常用制冷剂的特性及应用。

一、常用制冷剂

（一）制冷剂的种类

制冷剂的种类很多，现在可用作制冷剂的物质有几十种，但常用的不过十几种。其分类方法通常有两种。一种是根据制冷剂的化学成分及组成；另一种是根据制冷的要求，制冷剂常温下在冷凝器中冷凝时的饱和压力和标准大气压下的蒸发温度的高低。

根据制冷剂的化学成分及组成可分为四类，即无机化合物、碳氢化合物、氟利昂系列和混合共沸溶液。

无机化合物制冷剂有氨、水和二氧化碳等。氨是一种出色的制冷剂，它的主要缺点的毒性比较大并有燃爆性。水可用于蒸气喷射式制冷机，但其蒸发温度只能在零摄氏度以上。

碳氢化合物（烃类）制冷剂有甲烷、乙烷、丙烷、乙烯、丙烯等。从经济观点来考虑，这些制冷剂是非常实惠的，但它们易燃、易爆、安合性差，所以一般不用在家用和商用制冷方面，而在石油工业中进行气体分离、原油分解时，可作为制冷剂使用。烃类制冷剂的优点是凝固点低，纯净的烃类与水不发生作用，对金属无腐蚀性。

氟利昂制冷剂的出现促进了制冷机的发展和普及。氟利昂的最大特点是安全性好，毒性小，无臭，不燃烧。

混合共沸溶液是由两种以上制冷剂组成的混合物，它在蒸发和冷凝过程中也不分离，就像一种制冷剂一样。

（二）常用制冷剂的特性

（1）R12：R12是中、小型制冷设备中使用最普遍的一种制冷剂。

R12的标准蒸发温度为－29.8℃，凝固温度为－155℃，是最早出现的氟利昂制冷

剂,已被广泛使用了50多年。

R12是无色、无味、毒性小、不燃烧和不爆炸的制冷剂。对人体的安全危害小,当R12在空气中含量达20%时,人开始有感觉,容积浓度超过30%才能窒息。

R12与明火接触且溶解度很小。0℃时,其溶解度不超过0.002 6%,温度越低,溶解度越小。若R12的含水量超过其溶解度,那么在低温状态下(0℃以下),很容易出现冰堵现象,同时含水会对金属产生腐蚀作用。所以对使用R12的制冷系统,必须严格限制含水量。第一,规定R12含水量不得超过0.002 5%;第二,制冷系统中的各管道、设备、机器等在充注R12之前,都必须经过干燥处理(必要时进行烘干);第三,系统中要设置干燥器,及时除去运行中由于微量泄露而带入系统中的水分。此外,向系统充注R12时,也应在钢瓶和制冷系统之间加装干燥过滤器。

R12对金属没有腐蚀作用,但对镁以及含镁量超过2%的合金有腐蚀作用,含水后会产生镀铜作用。R12对天然橡胶和塑料有膨润作用,密封材料应使用耐腐蚀的丁腈橡胶或氯醇橡胶。全封闭式制冷压缩机中绕组导线要涂抹聚乙烯醇缩甲醛树脂绝缘漆。电动机采用B级或E级绝缘。

R12对油有无限的溶解度,由于这一特性,它在制冷系统的各部分中产生不同的影响。在冷凝器中,由于R12与油互溶,换热器表面不会产生油膜而影响传热;在储液器中,R12与油不会出现分层现象,所以不能分离,R12与油共同进入蒸发器;而在蒸发器中R12不断蒸发,油却积存下来,浓度越来越高,附着在蒸发器的内表面,使得蒸发温度越来越高,其传热系数降低。由于油比R12轻,不能直接从底部放油,所以蒸发器多采用从上部供液、下部回汽的干式蒸发器,润滑油连同回汽一起退回制冷压缩机。在制冷压缩机的曲轴箱中,由于R12溶解在润滑油中,影响油的黏度,所以应采用高黏度的润滑油。R12在曲轴箱的润滑油中处于沸腾状态,当压力越低、温度越高时,液态中溶解的R12越少。因此,制冷压缩机起动时,曲轴箱压力突然降低,R12携带大量油滴从润滑油中蒸发出来,使油黏度突然增加,造成曲轴箱油位下降并产生大量泡沫。同时,润滑油进入制冷系统也会产生很多不利影响。为此制冷压缩机排气管道上应设有油分离器,以使随R12进入制冷系统的润滑油尽量少。

R12的渗透能力极强,特别容易泄露,故要求系统有严格的密封措施。检漏可用肥皂水、卤素喷灯和电子检漏仪。肥皂水适用于系统安装和有明显泄露时检验。少量泄露时可用卤素喷灯检查。随着泄露量的增大,卤素灯火焰的颜色由微绿、淡绿变为深绿乃至紫色。微量泄露可用电子卤素检漏仪,该仪器有极高的敏感度,每年几毫克的泄露量都能检查出来。

(2) R22:R22是家用和商用制冷空调系统中广泛使用的一种制冷剂。

R22的标准蒸发温度为－40.8℃,凝固温度为－160℃。

R22在常温下的冷凝压力一般不超过1.5MPa,在中等低温下,R22的饱和压力约比R12高65%,单位容积制冷量却比R12大得多,其他物理、化学性质与R12相近,所以在中等低温下使用R22比R12更好。

R22是无色、无味、不燃烧、不爆炸的制冷剂,毒性比R12稍大。它的传热性能与

R12差不多,流动性比R13好;溶水量比R12稍大。如0℃时,水在R22中的溶解度为0.06%。但R22仍然是属于不溶于水的物质。含水量超过溶解度时,仍有冰堵的危险,并且会对金属产生腐蚀作用,所以对R22含水量仍限制在0.0025%以内,所采取的措施与R12相同。

R22的化学稳定性不如R12。它的分子极性比R22大,故对有机物的膨润作用更强。密封材料可采用氯乙醇橡胶或CH-8-30橡胶。封闭式压缩机中电动机绕组可采用QF漆包线、QZF漆包线。

(3) R134a:R134a(四氟乙烷)是目前使用最普遍的一种新型制冷剂,标准蒸发温度为-26.5℃,凝固温度为-96.6℃,在工程使用中,它的许多性质与R12相似,如无色、无味、毒性小、不燃烧、不爆炸、对人体的生理危害小的特点均与R12相同。

R134a制冷剂具有如下特点:

① R134a对制冷系统的真空度要求比较高,因为微量水分会对制冷系统的性能产生影响。

② 在制冷系统中R134a比R12的能耗稍大,而制冷量较为接近。

③ R134a压缩比较高,而R12的压缩比较低,过高的压缩比会导致壳温过高及阀漏,还会导致排气温度过高,影响压缩机寿命。

④ R134a与R12的排气压力大致相当,从量值看R134a比R12略高一些。

⑤ R134a冷却速度与R12较为接近。

⑥ R134a渗透性比R12更强,从而对密封材料的选用及气密性试验要求更高。

R134a是部分卤化物,化学性质不如全卤化的碳氢化合物,其氟原子的负电极易于发生水解去卤化反应,所以制冷系统中对水的含量要求严于R12。R134a要求使用酯类润滑油或合成油多元醇,与R12区别很大,其制冷量比R12低10%左右。虽然R134a与R12的热力性质接近,但R134a对金属有腐蚀作用,两种制冷压缩机不能互换使用。

R134a与R12相比较有相似的物理性质,其主要性能的比较情况见表3-1。

表3-1 制冷剂R12与R134a的基本物理性质比较表

	R12	R134a
化学名称	二氟二氯甲烷	四氟乙烷
化学分子式	CF_2Cl_2	$C_2H_2F_4$
分子大小(A)	4.4	4.2
分子量	120.92	102.04
标准沸点(℃)	-29.8	-26.5
凝固点(℃)	-155	-101
	R12	R134a
临界点(℃)	112	101
汽化潜热($kj·kg^{-1}$)	167.3	219.8

续表

25℃时水的溶解性	0.009	0.15
臭氧破坏潜能 ODP	1.0	0
温室效应潜能 GWP	2.8~3.4	0.24~0.29
与矿物油互溶性	相溶	不相溶
适应冷冻油	矿物油 18 号	酯类油 RL329
适应密封材料	氯丁橡胶、氟橡胶、丁腈橡胶	氯丁橡胶、高丁腈橡胶、尼龙橡胶

R134a 制冷剂的最大优点是其对臭氧层的破坏潜能为零,能满足环保要求。但从另一方面来看,R134a 制冷剂的分子小、分子量轻、渗透能力强,极易吸水,与矿物油不相溶。因此,R134a 制冷剂对压缩机内的洁净度要求更高。同时利用 R134a 制冷剂的无氟电冰箱还必须用酯类或新型合成多元醇润滑油。R134a 对金属有腐蚀性,为此,无氟电冰箱的压缩机内部零部件表面均作了特殊处理。而且 R134a 标准沸点、凝固点、汽化潜热较高,其制冷量低于 R12 制冷剂 10% 左右。

(4) R600a:R600a(异丁烷),它的沸点为 $-11.73℃$,凝固点为 $-160℃$,现在已被作为 R12 的永久替代制冷剂。它的临界压力比 R12 低,临界温度及临界体积均比 R12 高,标准沸点高于 R12 约 18℃。

R600a 替代 R12 的方案优点如下:
① 取材易,有炼油工业就可生产。
② 价格低。
③ 润滑油可采用原 R12 的润滑油。
④ 每台冰箱灌注量小,充注量为 R12 的 40% 左右。
⑤ 运行压力低,噪声小,能耗降低可达 5%~10%。

此方案的缺点如下:
① R600a 可燃,用在大冰箱或灌注量大时,如果发生泄露可能造成爆炸的危险。
② 生产过程要有安全防爆方面的投资。
③ 运行压力低时,R12 压缩机不能继续使用,只能使用 R600a 压缩机。

二、冷冻油

(一)冷冻油的功能

(1) 减少摩擦。制冷压缩机具有各种运动摩擦副,由于摩擦,一方面需要消耗更多的能量,另一方面致使摩擦面磨损,影响压缩机正常运行。润滑油的注入,在摩擦面形成油膜,既减少摩擦,又减少能耗。

(2) 带走摩擦热。摩擦产生热量,致使部件温度升高,影响压缩机正常运行。注入润滑油,可以带走摩擦热,使运动副的温度保持合理的范围,同时还可以带走各种机械杂质,起到防锈和清洁作用。

(3) 减少泄漏。制冷压缩机的摩擦面有一定间隙,是气态制冷剂泄漏的主要通道。摩擦面间隙充注润滑油可以起到密封作用。

(二) 冷冻油的选用

选用冷冻机油的常规要求是:透明度好,若浑浊变色,说明油已变质,不能使用;黏度适宜,黏度过大会增加压缩机功耗,黏度过小则摩擦面间不能形成必要的油膜,会加快磨损;闪点高;凝固点低;化学稳定性好,与系统中材料有相容性;不含水分、机械杂质、溶胶等,避免产生冰堵、镀铜、脏堵、加快磨损等现象。GB/T16630 标准规定的冷冻机油均为矿物油或合成烃油,主要适用于制冷剂为氨、CFC 类(如 R12)和 HCFC 类(如 R22)的制冷压缩机;对于制冷剂为 HFC 类(如 R134a)的压缩机应采用酯类油;对于混合制冷剂(如 R22、R152a、R124)则采用烷基苯润滑油。

(1) 冷冻机油的更换。制冷机在正常运转时,消耗的冷冻机油极少,但运转一定时期以后,如果系统内混入水分和杂质,使润滑油恶化变质,则有必要予以更换。

全封闭式压缩机采用氟利昂制冷剂时,一般家用电冰箱选用 18 号冷冻机油(HD18),空调器使用 25 号(HD25)冷冻机油,氨制冷压缩机使用的是国产 13 号和 25 号冷冻机油(HD13 和 HD25),汽车空调一般有国产 18 号或 25 号冷冻机油,进口冷冻机油一般使用日本的 SUNISO3GS~5GS。国产冷冻机油的性能如表 3-2 所示。

表 3-2 国产冷冻机油的性能

技术参数\序号	13 号	18 号	25 号	30 号
运动黏度 50℃/$m^2 \cdot s^{-1}$	$(11.5\sim14.5)\times10^{-6}$	$>18\times10^{-6}$	25.4×10^{-6}	30×10^{-6}
凝固点/℃	<-40	-40	-40	-40
开口闪点/℃	<160	<160	<170	<180
酸值(每克中 KOH 的含量)/mg	<0.14	<0.03	<0.02	<0.01
灰分/%	<0.012	—	—	—
机械杂质/%	无	无	无	无
水分/%	无	无	无	无

(2) 冷冻机油的简单检查方法。冷冻机油变质的简单检查方法是将冷冻机油滴一点到吸水性好的白纸上,过一段时间后,若油滴中央部分有黑色斑点,则说明这种油已经不能使用,必须重新提炼后方能使用。没有变质的油没有黑色斑点,使用时必须过滤及通过分子筛吸水后方可。

冷冻机油是不制冷的,还会妨碍热交换器的换热效果,所以只允许加到规定的用量,不允许过量使用,以免降低制冷量。

项目实施

制冷剂种类的鉴别

一、工作准备

（一）器具、仪表的准备

压力表、温度计（-50℃~0℃）。

（二）制冷剂钢瓶的准备

不同种类制冷剂钢瓶若干。

二、工作程序

（一）测量制冷剂压力及蒸发温度

(1) 压力鉴别法：

① 首先用一只 2.5 MPa 的压力表分别接在不同制冷剂的钢瓶上。

② 根据压力表的读数，判断是何种制冷剂。

(2) 温度鉴别法：

① 用一只-50℃~0℃的温度计，放在制冷剂钢瓶的接口处。

② 微微打开制冷剂钢瓶开关，喷射出一点制冷剂到温度计上，迅速记下温度计上的数值。

（二）根据测量数据结合制冷剂特性参数鉴别

(1) 在+30℃时，R12 制冷剂 $P=0.6449$ MPa，R22 制冷剂 $P=1.0915$ MPa。

(2) R12 制冷剂的温度为-29.8℃，R22 制冷剂的温度为-40.8℃，R134a 制冷剂的温度为-26.2℃。

三、注意事项

氯氟烃类物质虽然属于安全无毒的制冷剂，但是操作和使用时切不可粗心大意，必须注意以下事项：

(1) 制冷剂为低压液化气体，盛装制冷剂的容器属于二类压力容器，如果充装、管理和使用不当极易发生事故。因此，在充装、运输、存储和使用时，必须遵守有关规定。

(2) 盛放制冷剂的钢瓶必须经过检验，以保证能够承受规定的压力。外观有缺陷或超过检查期限的钢瓶，一律不准充装。充装制冷剂时，不允许超过安全充灌量。

(3) 在运输和存储时，盛有制冷剂的钢瓶应防止阳光直射暴晒，不要离热源太近和受到撞击。

(4) 钢瓶上的控制阀常用一帽盖或铁罩重新装上，以防在搬运过程中受到撞击而损坏。

(5) 当钢瓶的瓶阀冻结时，严禁用火烘烤，而应将其移到较暖和的地方或用温水解冻。

(6) 当钢瓶中制冷剂用完时，应及时关闭控制阀，以免漏入空气或水蒸气。

(7) 制冷剂应避免触及皮肤，更不能触及眼睛。

(8) 发现制冷剂大量漏出时，必须把门窗打开，否则会使人窒息。在存在着氯氟烃类物质蒸气的情况下，使用明火会有有毒的光气产生。因此，在泄漏试验中，如使用卤素检漏仪，就需要加以注意。卤素检漏仪只能在已经用过其他方法检漏后的最终阶段进行，这样比较安全。

四、评价标准

序号	考核内容	考核要点	配分	评分标准	扣分	得分
1	器具准备	按要求准备好工具与材料	1.5	准备完全正确得1.5分，否则不得分		
2	测量制冷剂压力及温度	正确测量制冷剂压力及蒸发温度	5	(1) 根据制冷剂压力判断出制冷剂种类得2分，错误扣2分 (2) 测量制冷剂蒸发温度方法正确数值接近标准蒸发温度得2分，否则该项不得分 (3) 制冷剂参数记录正确，得1分，否则扣1分		
3	能正确回答老师提出的问题	正确复述操作注意事项	2	复述关键点一项错误扣0.5分，扣完为止		
4	安全操作	按照安全要求进行操作	1	能够按照安全操作规定进行操作得1分，否则不得分		
5	善后工作	按要求清理工作现场	0.5	善后处理及时，否则不得分		
	合计		10			

知识拓展

制冷剂的替换问题

近年来，随着制冷设备的广泛应用，氟利昂在大量使用中释放出的氯造成了大气臭氧层的破坏，形成了臭氧"空洞"，导致地球表面受到太阳紫外线照射程度加剧。臭氧层遭到破坏后形成温室效应，也将导致全球温度和海平面的上升，以及皮肤癌患者的增多，会给人类生存带来严重危害。因此，国际组织签署的《关于消耗臭氧层物质的蒙特利尔议定书》规定，发达国家于2000年前应完全停止使用CFCs类制冷剂（即R11、R12、R113、R114、R115），发展中国家停止使用的时间可以推迟到2010年，HCFCs类制冷剂（如R22）在2020年以后也要控制使用。

CFCs类产品停止使用，这对制冷空调行业来说是一次巨大的挑战。CFCs类制冷剂替代物的研究受到了世界范围内的普遍关注。目前，人们已经找到一些替代物，如冰箱制冷剂R12的替代物有R134a、R600a、R500共沸制冷剂等。

项目二 电冰箱基本维修工艺

 **学习目标**

1. 熟悉安全用电及防火防爆常识;
2. 掌握制冷系统的清洗方法及工艺流程;
3. 掌握制冷系统的检漏原理及方法;
4. 掌握抽真空的方法及操作步骤;
5. 掌握充注制冷剂、更换冷冻油的基本操作方法;
6. 熟悉电冰箱修复后的检测指标。

 **知识平台**

一、安全用电及防火防爆常识

(一)安全用电常识

(1) 断电源:对制冷设备进行修理时,通常必须先拔下电源插头,再进行维修。

(2) 防触电:维修中必须在通电状态下检查电路时,应小心触电,且勿触到带电部位。维修时若发现导线老化,应及时更换。

(3) 正确使用维修工具:维修时必须使用适当的维修工具。使用工具不当或工具磨损严重,易因接触不良或紧固不牢而发生事故。

(4) 正确更换零部件:维修时需要更换的零部件,如温度控制器、除霜加热器,必须是该型号的零部件,不得随便更换其他型号或品牌的零部件,更不要将零件进行改造维修。

(5) 导线良好连接:维修时剪断的导线,重新连接时必须进行焊接,并用绝缘胶带密封或用空端子连接,以确保接触良好。

(6) 绝缘检测:维修装配完成后,必须使用万用表检测绝缘电阻,确认绝缘电阻达到 2 MΩ 以上,才能通电运行。

(7) 接地检查:维修后必须检查接地是否良好,接地不良或不完整应及时处理,以确保接地完整良好。

(二)防火防爆常识

(1) 家用制冷设备维修时应注意附近的烟火,尤其在使用燃气工具进行焊接后,必须先将燃气火焰熄灭,方能进行其他检修操作。

(2) 充加制冷剂时,应远离火源;制冷剂不得随意向室内排放,尤其室内有明火时。因为 R600a 有易燃易爆性,氯氟烃类物质遇明火会产生光气使人中毒。

(3) 勿在通风不良和密闭的房间进行焊接。

(4) 室内应保证空气流通,装有通风设备。R600a 场地应装设防爆电动机的风机,因为 R600a 比空气重,排风系统应遵循"上进新风下排风"的原则,排风口应尽量贴近地面和可能泄漏点。一旦发生制冷剂泄漏,应立即通风排除。

(5) 钢瓶应存放在阴凉处,避免阳光直晒,防止靠近高温。在搬运中禁止敲击,以防爆炸，应轻拿轻放。

二、制冷系统的清洗

(一) 制冷系统的污染的危害

制冷系统内杂质含量允许值为：压缩机机械杂质最多不超过 40 mg，管路杂质每平方米内表面最多不允许超过 100 mg。如果制冷系统内杂质超过允许值，就将给电冰箱带来致命的危害。

(1) 损坏压缩机机械部件，甚至"卡死"压缩机。当压缩机运转时，机械杂质运动到压缩机的活动部位，进入配合间隙内，会使部件表面拉毛，严重时会使部件"卡死"而不能运动，也就是压缩机不能转动，电冰箱发生严重故障。

(2) 堵塞干燥过滤器或毛细管。杂质在制冷系统内流动，流到干燥过滤器时，由于其有滤网，网孔直径为 0.5 mm，故颗粒大于 0.5 mm 的杂质不能通过。如果系统内杂质含量多，会部分或全部堵塞干燥过滤器，造成制冷剂流量不足或不能通过。同样，若杂质进入毛细管也会引起毛细管堵塞，造成冰箱不制冷。

(二) 常用清洗工质

制冷系统表面的污垢可以用中性洗洁精清洗，油污过厚可以用专用清洗剂清洗。

铜管内部的清洗可以首先用流速为 10～15 m/s 的压缩机空气吹洗，再用 15%～20%氢氟酸溶液腐蚀 3 h，然后依次用 10%～15%的苏打水溶液和热水冲洗，最后在 120℃～150℃温度下烘干 3～4 h。为了除去水蒸气还必须用氮气或干燥空气吹干。

钢管内部的清洗可以首先向管内注入 5%的硫酸溶液并保留 1.5～2 h，再注入 10%的无水碳酸钠溶液中和，然后用清水冲洗干净并用氮气或干燥空气吹干，最后用 20%的亚硝酸钠净化。

毛细管的清洗应先用 650℃左右的高温除去管内油污，待冷却后用压缩空气吹净，再用四氯化碳冲洗，最后用氮气或干燥空气吹干。

空调机与小型制冷设备的冷凝器、蒸发器等热交换装置也可采用上述方法清理，但要是铝制的蒸发器，复合钢管则不能采用酸洗工艺，只能用三氯乙烯冲洗，然后用氮气或干燥空气吹干。

三、制冷系统的检漏

(一) 气密性试验要求

气密性试验即压力试漏，其目的是确定制冷系统有无泄漏。试漏与检漏不同，试漏是初步的，而检漏能具体地测出泄漏部位。一般在制冷系统清洗、吹污后，即对系统进行总体气密性试验，以保证制冷系统的气密性。

对家用制冷器具进行压力试漏时，所用的压缩气体是氮气而不能用空气。因为空气中含有水蒸气，不易除净，易造成制冷系统中的冰堵。氮气是一种比较安全的气体，它干燥、易得、不易燃烧，对制冷系统没有腐蚀性。充气时，最好先通过气体调节器减压后再充入制冷系统。因为装满氮气的钢瓶内压力很高，可达 15 MPa 左右，直接充入制冷系统，会破坏系统的机械强度，造成不必要的损失。

(二) 检漏的方法

电子卤素检漏仪主要用于制冷系统充入制冷剂后的精检，只能用于 R12、R134a 制冷剂系统。R600a 制冷剂一般采用 R600a 专用检漏仪检漏。

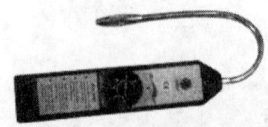

图 3-1 电子卤素检漏仪

电子卤素检漏仪的外观如图 3-1 所示,卤素(氟、氯、溴等)在一定电位的电场中极易被电离而产生离子流。氟利昂气体由探头、塑料管被吸入白金筒内,通过加热的电极,瞬间发生电离而使阳极电流增加,在微电流计上发生变化。经过放大器放大后,推动电流计指针指示。

肥皂水检漏是一种简单可行的检漏方法,适用于制冷系统内的制冷剂没有完全泄漏的情况。具体方法是用刀片将肥皂切成薄片状,放于温热水中浸泡,待其溶化成液体后,用毛刷涂抹在管路可能有泄漏的地方。若有气泡溢出,可根据气泡大小来判断泄漏的程度。

四、制冷系统抽真空

(一)抽真空的目的

制冷系统抽真空的目的是排除制冷系统里的水分和不凝气体。如果系统中混入水分,容易引起堵塞故障,使空调机不能正常制冷,会使压缩机长时间在高温下工作,容易烧毁压缩机;系统中混入不凝气体时,会导致冷凝压力、冷凝温度升高。排气压力相应升高而导致耗电量的增加。

(二)抽真空的方法

抽真空分为真空泵、压缩机抽真空、自身抽真空。

(1)真空泵抽真空:根据制冷系统的不同可以分为单侧抽真空、双侧抽真空和二次抽真空等方法。

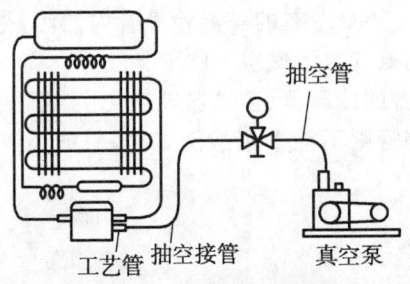

图 3-2 单侧抽真空

单侧抽真空的方法是:将压力表的压力软管连接在工艺管的快速接头上,如图 3-2 所示。在将真空泵连接在公共软管上;打开低压压力表表阀;起动真空泵,观察压力表的读数(具体操作请参考压力表与真空泵)是否达到 $-0.1\ MPa$ 或接近其数值。由于制冷系统原本内部就存有制冷剂,故抽真空的时候真空度不需要完全达到要求。压力表压指在 $0\ Pa$ 以上。反之打开压力表表阀,排放出软管内的空气,对系统补充制冷剂即可。

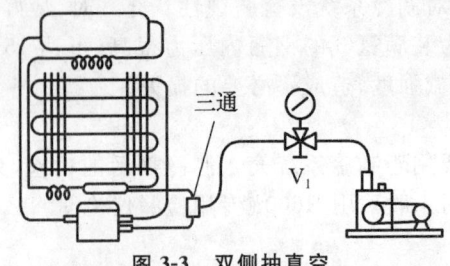

图 3-3 双侧抽真空

双侧抽真空是从吸排气侧同时进行抽真空,两个抽气管分别从压缩机上的工艺管和干燥过滤器端部引出,如图所示3-3,同一个三通抽气接管,两端分别接压缩工艺管和过滤器的进口端,另一端接带有真空压力表的三通修理阀 V_1,真空泵的抽气管与三通阀相接,抽气的操作同单侧抽气。这种方法系统内的空气同时被抽出,制冷系统真空度高,抽气时间短,效率高。若用 $2\times2-4$ 真空泵抽气 30 分钟,制冷系统真空度可达 $26.66\sim66.65$ Pa。这种抽空方法适用于双进口端的干燥过滤器。若是单进口端,则可在干燥过滤器上焊上一段细铜管作为引出管。

复式抽真空主要是针对真空泵性能较差、电冰箱出现泄漏放置时间长的制冷系统,此时再采用一次抽空往往达不到真空度的要求,且干燥效果也比较差。

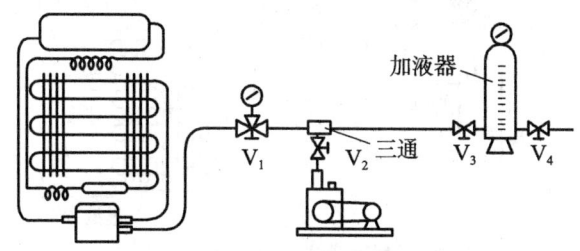

图 3-4 二次抽真空

此时可以采用二次抽空法,见图 3-4,即第一次抽真空后,加入制冷剂,使真空压力表回零,然后再进行抽气,效果更好。对含水分过多的制冷系统,可以在抽空的同时用电吹风烘烤冷凝器、蒸发器、压缩机和高低压管道,烘烤温度在 50℃~60℃ 即可。在连续抽空的情况下,系统中的水分迅速排除使系统达到干燥的目的。

(2) 压缩机抽真空:用压缩机抽真空可采用小型全封闭压缩机代替真空泵,见图 3-5 所示。

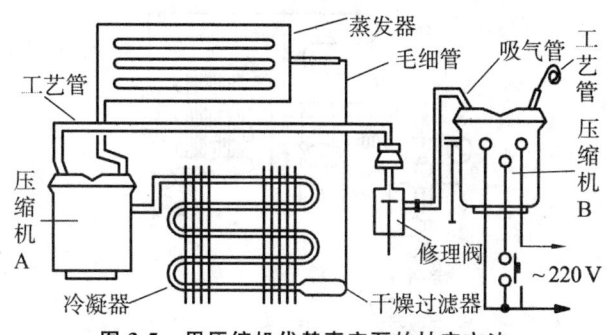

图 3-5 用压缩机代替真空泵的抽空方法

先在待修电冰箱压缩机工艺管上接一个修理阀,然后将修理阀口与另一台压缩机的低压吸气管口用铜管或胶皮管连接起来。再将压缩机工艺管口封闭后,开启修理阀,起动压缩机电动机,待其运转后将手迅速抬开,此时冰箱抽空开始。在抽空时,可在压缩机的排气管上接一段软管插入盛有冷冻机油的小碗中。当油内没有气泡逸出时,可以关闭修理阀,然后切断压缩机电源。

除了可以用全封闭压缩机代替真空泵外,还可以用废旧的开启式压缩机代替真空泵抽真空,如图3-6 所示,抽真空时将压缩机上的低压吸气阀和高压排气阀都顺时针关闭,利用其高压排气阀的多用口将电冰箱系统内的空气抽出。

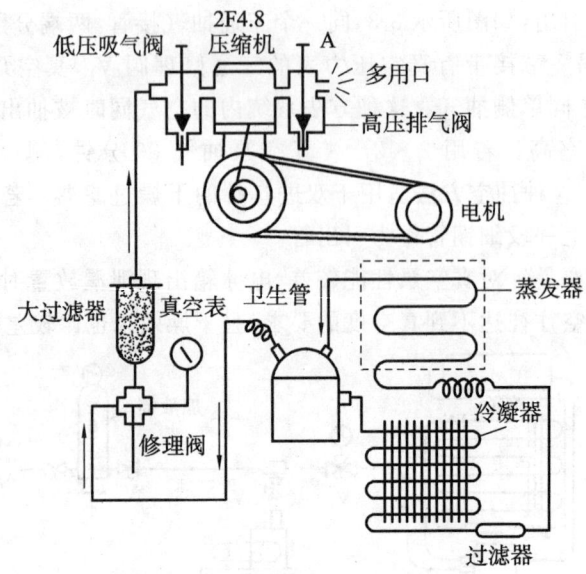

图 3-6　用开启式压缩机代替真空泵

利用压缩机代替真空泵对电冰箱制冷系统抽真空,比真空泵的效果还要好,因为压缩机的吸排气量大。

(3) 自身抽真空:当外出修理电冰箱没有抽空设备时可以参照图 3-7 的连接方法进行自身抽真空。

① 将过滤器处毛细管打开,若没有可以焊接一段毛细管 B,并打开管口。此时应将修理阀关闭。

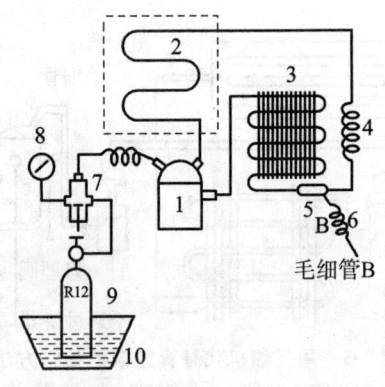

图 3-7　压缩机自身抽空法

1—压缩机;2—蒸发器;3—冷凝器;4—毛细管;
5—干燥过滤器;6—毛细管 B;7—修理阀;
8—压力表;9—制冷剂钢瓶;10—热水盆

② 开启压缩机,当用手在毛细管处感觉不到 B 口处有气体排出时,停机并用手堵住毛细管 B 口。

③ 开启制冷剂 R12 钢瓶,打开修理阀,充入部分制冷剂,此时放开毛细管 B 口,当有

制冷剂喷出时,说明系统内的空气被挤出,此时可以迅速用封口钳将毛细管 B 口封住。

④ 开启压缩机,观察制冷情况,如果制冷效果差,可开启修理阀再充入一些制冷剂。如低压吸气管也结了霜,说明冲入量过多,可从修理阀放出一部分,直到冰箱结霜正常为止。

五、充注制冷剂

(一) 制冷剂容器具种类

制冷剂钢瓶属于低压容器,是用来存放制冷剂的。如图 3-8 所示,为 R22 制冷剂钢瓶的实物图。

图 3-8　制冷剂钢瓶

制冷剂钢瓶的容量为 3~40 kg 不等,家用制冷器具常用的制冷剂有 R12、R22、R134a、R600a 等。制冷剂的充灌与排出是通过钢瓶端部的阀门控制的,不需要另外加减压阀。顺时针旋转阀柄直至死点为关闭,反之为开启。正置钢瓶释放出气体制冷剂,倒置可放出液体制冷剂。

(二) 制冷剂充注量对系统的影响

在维修家用制冷器具制冷系统故障时,一般都得重新灌注制冷剂,这一操作称为加氟。加氟量的多少直接影响制冷效果的好坏。家用制冷器具容积较小,制冷剂的充灌量较小,一般仅为 80~200 g,因此对充注量的要求比较严格。

每台家用制冷器具铭牌上都标注着"制冷剂名称及装入量"。通过对比可知同一类型相同规格的家用制冷器具制冷剂量可能不同。制冷剂装入量的大小与整个制冷系统有关。如蒸发器、冷凝器大小不同,装入制冷剂量就不同。但同一生产厂家的同类型制冷器具,装入制冷剂量必须按照铭牌上的标准量注入,不能过多或过少。

制冷剂注入量过多,会使制冷器具低压压力过高,高压压力也过高;不仅会使蒸发器结霜,还会使靠近压缩机的吸气管结霜;压缩机的负载增大,耗电量增加,致使温升过高,机壳发烫。严重时,还会因压缩机温度过高而保护性停机。若制冷剂注入量超多还会使压缩机产生液击,即制冷剂冲破压缩机的高低压腔密封垫圈,使制冷器具失去制冷能力。

制冷剂注入量过少会使制冷器具低压压力过低,高压压力也过低;制冷能力下降;蒸发器表面结霜不全,吸气管不凉或微热,箱内温度降低速度慢;冷凝器高温区缩小,甚至无高温区,整个冷凝器温热,温度没有明显变化;压缩机运行时间增长,耗电量增加,容易烧坏压缩机电动机绕组。

总之,制冷剂注入量过多或过少,都要影响制冷器具的制冷性能。因此,在修理时,必须严格掌握制冷剂的注入量。

(三)充注制冷剂的方法

电冰箱制冷系统经过抽真空后应立即充灌制冷剂。可以采用以下方法进行。

(1)定量加液法:电冰箱容积小,制冷剂充灌量很少(只有 80~160 g),因而对充注量的要求很严格,采用专用定量加液器充灌的充注量较准确,如图 3-9 所示。

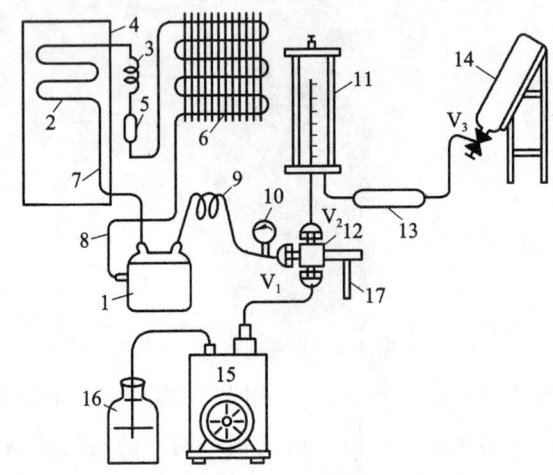

图 3-9　制冷系统抽真空与灌气连接图

1—压缩机;2—蒸发器;3—毛细管;4—箱体;5—干燥过滤器;6—冷凝器;7—低压回气管;
8—高压排气管;9—充气管;10—真空压力表;11—制冷剂筒;12—三通修理阀;
13—过滤器;14—氟利昂钢瓶;15—真空泵;16—大口瓶(抽真空观察用);17—手柄

(2)立灌法:立灌法适用于抽空设备差或未抽空的系统,如图 3-10 所示。

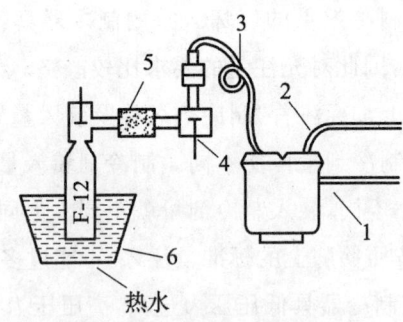

图 3-10　立灌法充灌制冷剂

1—高压排气口;2—低压吸气口;3—压缩机串气管;
4—修理阀;5—过滤器;6—热水盒

充注时将小瓶阀和三通阀开启。其充灌量用表压法、称重法和经验法判断。一般为开机充灌,并注意不要将阀门开启过大。

(3)倒灌法:如果抽空设备良好,大都采用倒灌法,如图 3-11 所示。

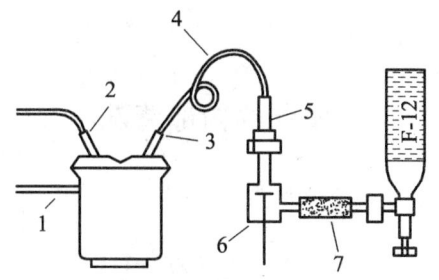

图 3-11 倒灌法充灌制冷剂
1—高压排气口；2—低压吸气口；3、4—串气管；
5—修理阀连接螺母；6—修理阀；7—过滤器

采用倒灌法充注的全部是液态制冷剂，制冷剂钢瓶若含有水分、油质及不凝性气体因比重小浮在上面，不会随制冷剂进入系统内，所以优于立灌法。但倒灌法要求系统停机。

六、更换冷冻油

（一）冷冻油的污染危害

家用制冷器具的电动机绝缘被击穿、匝间短路或线圈被烧毁时，会产生大量的酸性氧化物而使制冷剂受到污染。电冰箱制冷系统的污染一般分为轻度污染和重度污染。

轻度污染和重度污染的主要区别是气味和冷冻油的颜色、酸度。

（1）气味不同。轻度污染是打开压缩机工艺管后无焦油气味；重度污染时会闻到焦油味。

（2）冷冻油的颜色不同。轻度污染的冷冻油清洁，颜色无明显变化；重度污染时，冷冻油颜色发黑、浑浊。

（3）冷冻油的酸度不同。用石蕊试纸检验油的酸度，轻度污染时石蕊试纸颜色变成柠檬黄色；重度污染时石蕊试纸变成红色或淡红色。

制冷系统受到污染后，除了要更换压缩机、干燥过滤器外，还必须对其进行彻底的清洗。

（二）冷冻油的规格

冷冻机油按国家标准 GB/T16630—1996 的规定分为 L—DRA/A、L—DRA/B、L—DRB/A、L—DRB/B 四类，每类中又以黏度等级划分出 5～9 种规格，因而该标准共计规定了 24 种规格。冷冻机油的规格区分是以 40℃时运运黏度为基准的，如 46 号油即指 40℃时运动黏度为 41.4～50.6mm^2/s 的油品。冷冻机油常见的黏度等级（牌号）有 15、22、32、46、68 等。

（三）冷冻油油量的确定方法

冷冻机油是不制冷的，还会妨碍热交换器的换热效果，所以只允许加到规定的用量，不允许过量使用，以免降低制冷量。

项目实施

蒸发器的内部清洗

一、工作准备

（一）器具、器材的准备

洗涤剂（三氯乙烯、氯乙烯或四氯化碳中任意一种）、500 ml 的磨口玻璃瓶、橡皮塞或塑料套管、连接皮管。

（二）场地准备

清洁、干燥通风的场所。

二、工作程序

（一）安装器材器具

将蒸发器按图 3-12 的方法连接起来。图 3-12 中的 6 和 8 均指容积为 5 000 ml 的磨口玻璃瓶，磨口玻璃瓶内装满洗涤剂（三氯乙烯、氯乙烯或四氯化碳中任意一种均可）。

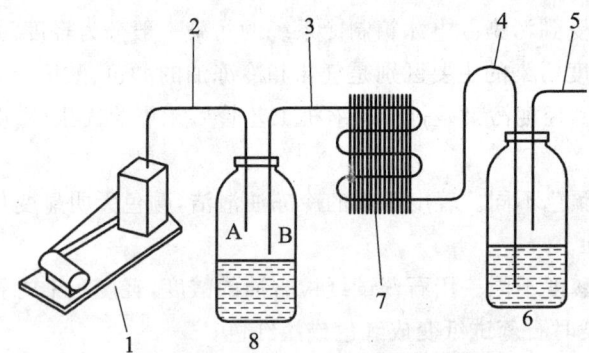

图 3-12 真空清洗示意图

1—真空泵；2、3、4—连接皮管；5—进气皮管
6、8—磨口玻璃瓶；7—蒸发器或冷凝器

（二）清洗操作流程

(1) 连接好后，起动真空泵。由于磨口瓶 8 内的空气被真空泵抽出，磨口瓶 6 中的洗涤剂依次通过皮管 4、蒸发器、皮管 3 被吸入磨口瓶 8 中。

(2) 当磨口瓶 8 内的洗涤剂液面接近皮管 2 的 A 端时，应立即关闭真空泵，以免洗涤剂进入真空泵。

(3) 在洗涤过程中，反复晃动蒸发器的效果更好。

(4) 磨口瓶 8 内的洗涤剂经过过滤后，可重复使用。

（三）现场清理

收拾工具，打扫卫生。

三、注意事项

清洗过的蒸发器应放入 110℃ 的烘箱内干燥 2~3 小时，也可反复吹入氮气进行干燥。干燥后应及时装配,如不立即装配,两头管口必须用橡皮塞或塑料套管套住,防止潮气进入。

四、评价标准

序号	考核内容	考核要点	配分	评分标准	扣分	得分
1	器具准备	按要求准备好工具与材料	1.5	准备完全正确得1.5分,否则不得分		
2	清洗操作	清洗操作正确	5	(1)蒸发器及清洗设备连接正确无误得2分,错误一处扣1分,扣完2分为止 (2)清洗剂选择正确得1分,否则该项不得分 (3)清洗操作正确无误得2分,每错误一处扣1分,扣完2分为止		
3	能正确回答老师提出的问题	正确复述操作注意事项	2	复述关键点,一项错误扣0.5分,扣完为止		
4	安全操作	按照安全要求进行操作	1	能够按照安全操作规定进行操作得1分,否则不得分		
5	善后工作	按要求清理工作现场	0.5	善后处理及时,否则不得分		
	合计		10			

制冷系统的检漏

一、工作准备

(一)器具、器材的准备

调制好的肥皂水、毛刷、氮气瓶、修理阀、压力表、输气管。

(二)场地准备

清洁、干燥通风的场所。

二、工作程序

(一)制冷系统的初步检漏

用目测的方法检查暴露在外的制冷系统管路。应重点检查焊口处、管路弯曲部位以及外露易碰的地方是否有折纹、开裂、微孔和油污等,重点观察可疑点是否有残存的油渍。因为氟利昂与冷冻油互溶,当氟利昂有泄漏时,冷冻油也会渗出或滴出。经过判断发现系统蒸发器有少量油渍出现。

(二)制冷系统的精(仪器)检漏

由于蒸发器在内部,不易用目测或肥皂水检漏,这时一般采用压力检漏法。

压力检漏是在制冷系统内注入一定压力的干燥氮气,然后观察压力变化情况,根据具体变化,判断制冷剂的泄漏情况,管道与设备连接如图 3-13 所示。

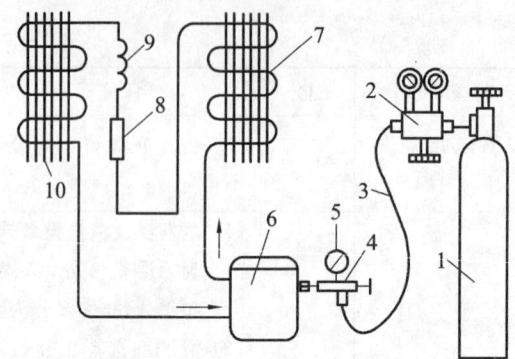

图 3-13　压力检漏示意图

1—氮气瓶；2—减压器；3—输气管；4—修理阀；5—压力表；
6—压缩机；7—冷凝器；8—干燥过滤器；9—毛细管；10—蒸发器

(1) 割开压缩机工艺管,焊接带有压力表的修理阀,然后将阀关闭。

(2) 将氮气瓶的高压输气管与修理阀的进气口虚接。

(3) 全部连接好后,打开氮气瓶阀门,调整减压阀手柄,待听到氮气输气管与修理阀进气口虚接处有氮气排出的声音时,迅速拧紧虚接螺母。这一步是为了将氮气输气管中的空气排出。

(4) 打开修理阀,使氮气充入系统内,然后调整减压阀。当压力达到 1 MPa 时,关闭氮气瓶阀门,而后将修理阀关闭。

(5) 用毛笔或小毛刷蘸肥皂液涂在可能有渗漏的部位。

(三) 泄漏点的确认

每涂一处要仔细观察,如有气泡出现,即表明该处泄漏;当出现大气泡时说明泄漏严重;小气泡则表明为微漏。检漏是一项比较细致的工作,不能急躁,要反复 2~3 次才行。

最后进行稳压试漏。将内部压力为 1 MPa 的制冷系统稳压 12 小时左右,如果压力没有明显变化,说明没有渗漏;如果压力值下降,则说明制冷系统还有渗漏,仍要用肥皂水找出位置并加以处理或采用分段检漏逐步排除的方法进行试漏。

(四) 现场清理

将压力表、连接管、修理阀等工具摆放整齐,清扫现场卫生。

三、注意事项

(1) 打压检漏时,打压压力要适中。压力过高可能会导致系统管道爆胀,过低又不易找到泄漏点。在确认系统存在漏点时,打压不漏,漏点一般在高压管路上。

(2) 外漏。家用制冷器具出现泄漏后,首先表现为制冷效果差、不停机,在泄漏点能看到油污出现。要保证准确的判断应用一张很薄的纸片在油污处蘸一下,因为油能透过纸片,而别的物质透不过去(防锈剂与油污差不多),这是一个比较简单的判断方法。此外,还可以通过打压检测。确定泄漏位置后,将泄漏处补焊,再打压检测 24 小时后就可以抽真空充注制冷剂了。

(3)内漏。在表现上与外漏现象是一致的,只不过外部看不到任何油污,排气管不热,这就需要将家用制冷器具分段打压检测。出现了内漏问题需对制冷器具进行盘管处理,并确保用户满意。打压在蒸发器上一般为10~12个标准大气压,冷凝器上一般为12~15个标准大气压,并保压24小时,如果时间较短容易出现判断失误。

四、评价标准

序号	考核内容	考核要点	配分	评分标准	扣分	得分
1	器具准备	按要求准备好工具与材料	1.5	准备完全正确得1.5分,否则不得分		
2	检漏操作	正确进行检漏操作	5	(1)精确检漏前有初步检漏得1分,否则扣1分 (2)压力检漏管路连接正确得2分,连接错误扣1分,直至扣完2分为止 (3)漏点判断正确处理得当得2分,错误一处扣1分,直至扣完2分为止		
3	能正确回答老师提出的问题	正确复述操作注意事项	2	复述关键点一项错误扣0.5分,扣完2分为止		
4	安全操作	按照安全要求进行操作	1	能够按照安全操作规定进行操作得1分,否则不得分		
5	善后工作	按要求清理工作现场	0.5	善后处理及时,否则不得分		
合计			10			

电冰箱抽真空操作

一、工作准备

(一)器具、器材的准备

真空泵、压力表、连接管、三通抽气接管、修理阀。

(二)场地准备

(1)实训室内应保证工作环境干净、整洁,远离火源。

(2)制冷剂应存放在环境温度25℃以下区域。

二、工作程序

(一)真空泵的检查

真空泵主要用于抽真空,如图3-14所示为其实物图。真空泵规格多用抽空速率表示,家用制冷器具抽真空时常用2XZ—0.5型旋片真空泵。

图 3-14 真空泵实物图

当对制冷系统抽真空时,修理阀上压力表的表针越靠近 -0.1 MPa,真空度越高,一般真空度达到 -0.095 MPa 为合格。表针在表盘上的移动位置很难辨认,加之使用年限、密封状况和泵内真空油液面高度等因素的影响,用相同的时间抽真空,不同真空泵达到的真空度也不完全相同。因此,可将真空泵的排气端引接软管置于冷冻油中,用观察油面冒气泡与否来判断真空度,即冒气泡为不合格,反之,为合格。

（二）抽真空管路的连接

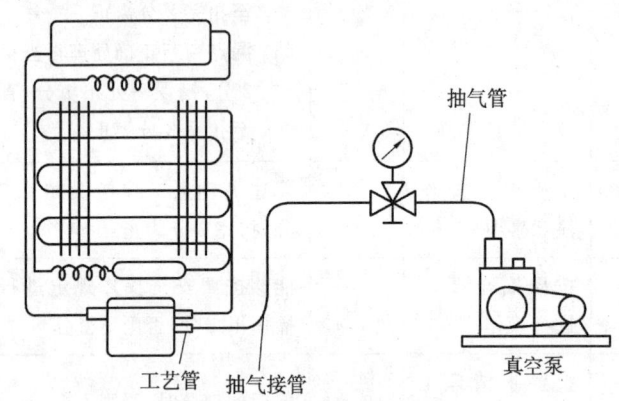

图 3-15 抽真空连接图

（三）抽真空操作步骤

（1）按图 3-15 所示,进行管道连接,即在压缩机的加液工艺管上焊接上带有修理阀、压力表的抽气接管,然后将真空泵的抽气管直接与三通阀相连。

（2）先关闭修理阀,起动真空泵,将修理阀缓缓地全部旋开,开始抽真空。

（3）持续抽真空 30 分钟后关闭修理阀,观察压力表的变化。若压力有回升则说明系统有渗漏,须处理后重新进行抽真空 1～2 小时,直到表压力为 -0.1 MPa,真空泵再继续工作 10 分钟以上,时间长短视真空泵功率而定。功率大的工作时间可以短一点,功率小的工作时间可以长一点。有时为了干燥系统,抽真空期间需要对系统进行加热,以使系统内的水分蒸发,变成水蒸气,被真空泵抽走。

（4）抽真空结束后应先关闭修理阀,再停止真空泵,以防止空气再次进入系统。

（四）现场清理

将真空泵、压力表、连接管、三通抽气接管、修理阀等工具摆放整齐,清扫现场卫生。

三、注意事项

用真空泵抽真空时,先检查真空泵油位是否处于正常位置,抽空时间不少于 2 小时。

四、评价标准

序号	考核内容	考核要点	配分	评分标准	扣分	得分
1	器具准备	按要求准备好工具与材料	1.5	准备完全正确得1.5分,否则不得分		
2	抽真空	正确使用真空泵抽真空	5	(1) 管路连接正确无误得2分,错误一处扣1分,直至扣完2分为止 (2) 抽真空操作正确无误得3分,错一步扣1分,直至扣完为止 (3) 真空度合适、抽空时间合适得1分,否则不得分		
3	能正确回答老师提出的问题	正确复述操作注意事项	2	复述关键点,一项错误扣0.5分,扣完2分为止		
4	安全操作	按照安全要求进行操作	1	能够按照安全操作规定进行操作得1分,否则不得分		
5	善后工作	按要求清理工作现场	0.5	善后处理及时,否则不得分		
	合计		10			

充注制冷剂操作

一、工作准备

（一）器具、器材的准备

修理阀、制冷剂钢瓶。

（二）场地准备

(1) 实训室内应保证工作环境干净、整洁,远离火源;

(2) 制冷剂应存放在环境温度25℃以下区域。

二、工作程序

（一）管路及修理阀的连接

充装制冷剂是在系统检漏、抽真空之后进行的,它的管路连接与真空泵抽真空时的连接相同。制冷系统抽真空结束后,可将与真空泵一端连接的软管旋下,然后与制冷剂钢瓶连接,如图3-16所示。

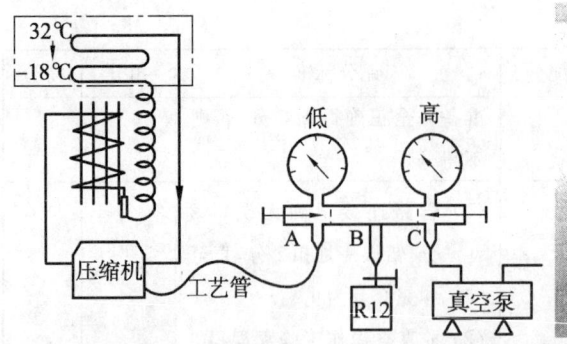

图 3-16 抽真空充注制冷剂

（二）排除连接管路空气

关闭修理阀，旋松软管与修理阀连接的螺母，微微开启制冷剂钢瓶，使制冷剂蒸气从修理阀螺母处排出，用制冷剂蒸气将软管中的空气排除。待手感到冷意时，迅速旋紧螺母，此时不要开启修理阀，也不要关闭制冷剂钢瓶阀门。

（三）充注制冷剂

旋紧螺母之后，开启修理阀，旋开制冷剂钢瓶阀门。这时制冷剂会通过工艺管进入压缩机内，向制冷系统内充入制冷剂气体。注意观察压力表，当气压上升到 0.15 MPa 左右时，关闭修理阀。

起动压缩机，此时可以看到随着压缩机的运转，压力表指针缓慢下降，说明充注的制冷剂蒸汽已经被压缩机吸入，进行制冷循环。观察几分钟后，若压力表低于 0 MPa，应打开修理阀的阀门，继续补注制冷剂，再关闭修理阀及制冷剂钢瓶阀门。

（四）制冷剂充注量的判断调整

压缩机起动后开始制冷，此时仔细观察制冷效果，判断制冷剂充注量是否适当。制冷剂的充注量是否适当，可用以下方法判断。

(1) 按低压压力判断。由于家用制冷器具所处环境及所用制冷剂品种不同，其压力值也略有不同。夏季高温天气充注 R12 时，压力值应为 0.04～0.05 MPa，对应的蒸发温度则为 -22℃～20℃；冬季寒冷天气压力值应为 0.02～0.03 MPa，对应的蒸发温度则为 -25℃～26℃，冷冻室温度可达到 -18℃ 或 -18℃ 以下。尤其对于双系统的电冰箱而言，对制冷系统充注制冷剂时应少充些而不能多充些，因为制冷剂过多对制冷系统的影响程度远远超过制冷剂偏少的情况，因此要将吸气压力控制在适中的范围内。

由于 R600a 电冰箱压缩机工作时，工艺管压力为负压，因此不能通过观察压力表的压力值来判断充注量是否足够，通常采用电子秤称量充注量的方法。

(2) 按蒸发器结霜情况判断。充注制冷剂且制冷运行一小时后，若直冷冰箱的冷冻室和冷藏室蒸发器内壁结霜均匀光滑，用湿手触摸有黏手的感觉，则可判断制冷剂充注量正常；若间冷冰箱的冷冻室和冷藏室出风口手感极凉或打开冷冻室隔板发现蒸发器翅片结霜层均匀而且光滑，用湿手触摸有粘手感，均视为制冷剂充注量正常。

(3) 按回气管温度判断。制冷剂充注量适当时，距蒸发器出口端 100～200 mm 处的回气管结霜应黏手。由于平背式电冰箱的这段回气管内藏，只能通过伸出箱体部分到压缩机回气管段来判断，用手触摸这段回气管感觉温度极凉或略出现微量结露则充注量正常。

(4) 按冷凝器温度判断。触摸冷凝器,感觉其温度,若其进端剧热、中端高热、末端温热,干燥过滤器和毛细管略高于环温,则制冷剂充注量正常。

(5) 按压缩机工作电流判断。用钳形电流表测量压缩机工作电流,看是否与家用制冷器具铭牌上标注的额定电流接近。如果电流过小,说明制冷剂充注量不够;过大则说明制冷剂充注过量。

实际维修过程中,要正确判断制冷剂充注量是否适当,除了观察电流、压力,观察蒸发器、冷凝器、回气管等部件外,还要综合分析,如图 3-17 所示如果充注量不足,则继续充注,但要注意充注速度应缓慢,应采用少量多次补注的方法。如果充注过量,则应放出一部分制冷剂,放气时同样要缓慢,也要采用少量多次放气的方法,直到合适为止。只有当制冷系统充注适量的制冷剂时,制冷系统才能表现出最好的制冷效果。

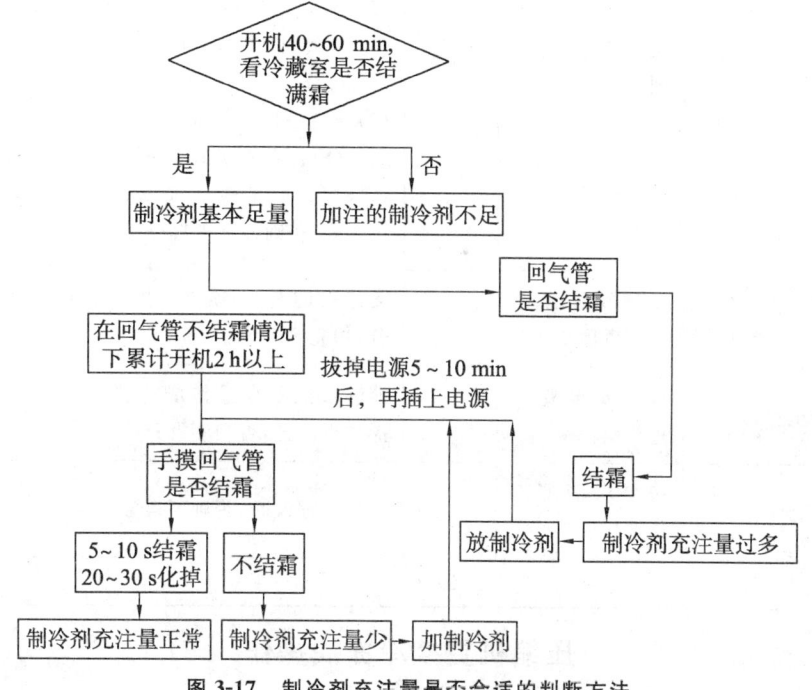

图 3-17 制冷剂充注量是否合适的判断方法

(五) 工艺管的封口

确认家用制冷器具制冷剂充注量适当,制冷效果良好后,关闭修理阀,用专用封口钳将工艺管夹扁两处,并将尾端一处用钢钳夹断,使其与修理阀分离。拆下修理阀后,将工艺管向下弯曲,用钎焊的方法把工艺管的末端焊成一个光滑的水滴状焊点,然后把其放入水中或肥皂水中检漏。初步确认无泄漏后可以停止压缩机的运行。待制冷系统内高低压平衡后,再检查一次焊珠是否有泄漏,若无泄漏才可确定封口获得成功。

三、注意事项

(1) 充注的制冷剂要与铭牌上标注的制冷剂名称相同。

(2) 加注前一定要把加液管内空气排出,每次加注完后要随手关闭制冷剂钢瓶阀门。

(3) 对制冷系统充注液态制冷剂时,一定要在停机状态下进行,以免产生液击,损坏压缩机。

(4) 充注过程中,噪声突然变大多是由于制冷系统发生堵塞(脏堵或焊堵),冷凝器局部烫手、局部常温多因抽真空不干净,回气管结霜多因制冷剂加注过量。

四、评价标准

序号	考核内容	考核要点	配分	评分标准	扣分	得分
1	器具准备	按要求准备好工具与材料	1.5	准备完全正确得1.5分,否则不得分		
2	充注制冷剂	正确充注制冷剂	5	(1) 管路连接正确无误得2分,错误一处扣1分,扣完2分为止 (2) 充注前注意排出管路中的空气得1分,否则该项不得分 (3) 制冷剂充注量合适得1分,否则该项不得分 (4) 封口后系统无泄漏得1分,否则该项不得分		
3	能正确回答老师提出的问题	正确复述操作注意事项	2	复述关键点,一项错误扣0.5分,扣完2分为止		
4	安全操作	按照安全要求进行操作	1	能够按照安全操作规定进行操作得1分,否则不得分		
5	善后工作	按要求清理工作现场	0.5	善后处理及时,否则不得分		
	合计		10			

压缩机更换冷冻油操作

一、工作准备

(一) 器具、器材的准备

干净容器2个、真空泵、三通修理阀、冷冻油若干。

(二) 场地准备

实训室内应保证工作环境干净、整洁,远离火源。

二、工作程序

(一) 确认冷冻油量

家用制冷器具压缩机更换冷冻油的方法是将压缩机与制冷系统断开,拆下压缩机将其倒置,把机壳内变质的冷冻油倒入事先准备好的容器内,量出冷冻润滑油的容积,然后以此为依据,将新的冷冻油倒入盛油容器中,在原有油量基础上增加10%即为加油量。

（二）抽真空操作

(1) 将准备好的冷冻油放入一准备好的干净容器中。

(2) 将压缩机的排气管上接一只复式三通修理阀,连接时把三通修理阀的中间管道与压缩机的排气管相连,左侧的管道放入盛有冷冻润滑油的容器中,右侧管道与真空泵相连。

(3) 将三通修理阀左侧阀门关闭,右侧阀门打开,然后起动真空泵运行。

（三）加注冷冻油

真空泵运行5～10分钟左右停机,关闭右侧阀门,打开左侧阀门,冷冻油在压缩机内外压差作用下流入压缩机,待容器中的冷冻油全部流入压缩机时,加油工作结束。

（四）收拾现场

用气焊将压缩机与制冷系统焊好,以便进行下一步维修操作。

三、注意事项

优质的冷冻油是很纯的颜色,为黄色或无色透明液体。在压缩机中使用一段时间的冷冻油颜色会逐渐变深,透明度也会随之变差,变质的冷冻油的冷却和润滑效果变差,在压缩机运转过程中会生成碳化物,造成系统的脏堵。

判断润滑油变质的方法:

(1) 滴纸法。取一张干净的白纸,将压缩机机壳中的冷冻油取出一点,滴在白纸上,过一会观察白纸上油滴的颜色,如果油滴颜色很浅而且比较均匀,说明冷冻油质量较好,可以继续使用。如果发现白纸上有深色的圆点或圆环,则说明冷冻油已经变质或含有杂质较多,应考虑更换。

(2) 对比法。取没有用过的冷冻油若干倒入干净的玻璃试管或量筒中静置一段时间后,作为标准试样。再将需判断的冷冻油从压缩机中取出一点也倒入同样的容器中,用眼睛观察比较。若从压缩机中取出的冷冻油的颜色、透明度与试样中冷冻油的颜色、透明度差不多,说明没有变质。若有明显区别,变成橘红色或红褐色的混浊状态,说明冷冻油已经变质,不能继续使用。

四、评价标准

序号	考核内容	考核要点	配分	评分标准	扣分	得分
1	器具准备	按要求准备好工具与材料	1.5	准备完全正确得1.5分,否则不得分		
2	充注润滑油	正确充注润滑油	5	(1) 确定润滑油充注量得1分,忘记该项不得分 (2) 抽空操作正确无误得2分,错误一次扣1分,直至扣完2分为止 (3) 充注润滑油操作正确无误得2分,每错误一处扣1分扣完2分为止		

续表

序号	考核内容	考核要点	配分	评分标准	扣分	得分
3	能正确回答老师提出的问题	正确复述操作注意事项	2	复述关键点一项错误扣0.5分,扣完2分为止		
4	安全操作	按照安全要求进行操作	1	能够按照安全操作规定进行操作得1分,否则不得分		
5	善后工作	按要求清理工作现场	0.5	善后处理及时,否则不得分		
	合计		10			

知识拓展

电冰箱修复后的检测指标

（一）漏电及绝缘电阻检测

电冰箱在工作温度下,应有良好的绝缘性能,泄漏电流不得大于1.5 mA。

检测方法如下,用泄漏电流仪(如ILDY—1漏电仪)测量电流的任一极与易触及的金属部件之间的泄漏电流。可按图3-18将电冰箱接入线路中,是电冰箱与地绝缘并通电正常运转。此时测量的电源线与电冰箱金属外露部分之间的漏电电流不得大于1.5 mA。

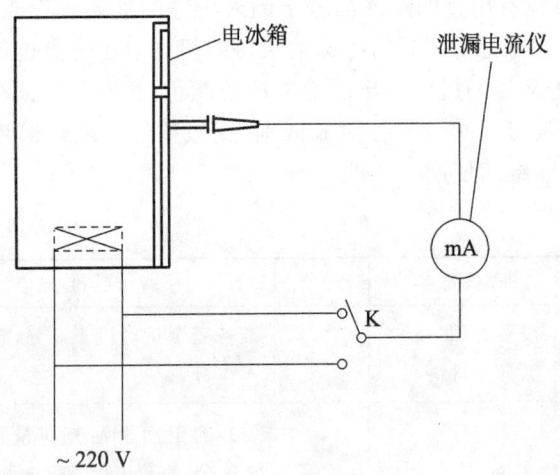

图3-18 电冰箱泄漏电流的检测

（二）电冰箱起动性能检测

电冰箱放置于气候类型所规定的环境温度下,关闭箱门,以85%的额定电压(187 V)起动三次。每次起动后,要有充分的接通时间,以保证电动机正常起动,并有足够的润滑。两次起动的间隔时间应足够长,以防止电动机过热,避免液体制冷剂的压力异常增大,确保高压侧和低压侧压力达到平衡。多次试验证明,压缩机高压侧和低压侧达到压力平衡大致需要4 min,所以在检测起动性能时,可以采用每次起动接通5 min、间隔 5 min 的方法。这里要说明两点：首先起动继电器动作三次才起动是允许的；其次，电源的电压降在试验期间不得超过 1%。

（三）制冷性能检测

一般的修理单位可能不具备国家标准规定的测试条件，所以可以根据情况和经验选择性地检测以下指标。

（1）储藏温度。电冰箱箱内温度有冷冻室和冷藏室温度之分，在 18℃～38℃ 的环境温度下，要求在两个温度控制器上能找到一种组合能够使冷藏室几何中心平均温度为 0℃～10℃，冷冻室的最高温度在 -18℃ 以下，且达到规定后压缩机会自动开机或停机。

（2）冷却速度。在环境温度为 32℃ 时，冰箱内不放物品，压缩机连续运转，应能够使冷藏室几何温度降至 0℃～10℃，冷冻室的最高温度降至 -18℃ 以下的降温时间不超过 3 小时。

（3）负载温度回升速度。在环境温度为 25℃ 左右时，箱内放满负载运行到使冷藏室几何中心平均温度在 0～10℃ 之间，冷冻室的最高温度在 -18℃ 以下，然后切断电源使压缩机停转，箱内温度从 -18 上升到 -9℃ 的时间不少于 250 min。

（4）制冰能力。在环境温度为 38℃ 时，冷冻/冷藏温度控制器置于 4/4 挡，电冰箱运行达到稳定状态后，将 30℃ 左右的水加入冰盒中，在 3 h 内水应能结实冰。

（5）绝热性能。电冰箱应有良好的绝热性能，以使箱内温度稳定在规定值。绝热材料不应有明显的收缩、变形，不允许电冰箱外表在工作时累积过多的水汽。在正常气候下，电冰箱外表不应有凝露。

（四）系统密封性及门封密封性检查

按照国家标准的规定，电冰箱应放在正压室内进行检测，一般修理单位没有这个条件。但在检测制冷系统的密封性时，箱内应无残留的制冷剂。将检漏仪调定到年泄漏量为 0.5 g，电冰箱不通电的情况下，检测制冷系统各焊接点及其他部位有无泄漏制冷剂。

当冰箱门正常关闭后，门封四周应严密。将一张 200 mm×50 mm×0.08 mm 的纸片放在门封条上任意处，将冰箱门关闭，垂直压在纸片上，纸片不应自由滑动。门封四角的缝隙宽度应不大于 0.5 mm，缝隙长度应不超过 12 mm。

项目三　电冰箱常见故障分析与排除

学习目标

1. 了解家用制冷器具维修的基本原则；
2. 掌握家用制冷器具不制冷的故障原因及排除方法；
3. 掌握家用制冷器具制冷效果差的故障原因及排除方法；
4. 掌握制冷系统堵塞的故障特点及排除方法；
5. 掌握电冰箱制冷不停机的故障原因及排除方法。

知识平台

一、电冰箱不制冷

(一)检修流程

当电冰箱的压缩机正常运转时,其蒸发器不挂霜,箱内温度不下降,这种现象称为不制冷。不制冷的原因很多,检修时要注意造成这种现象的直接原因,可以从以下流程进行分析,如图 3-19 所示。

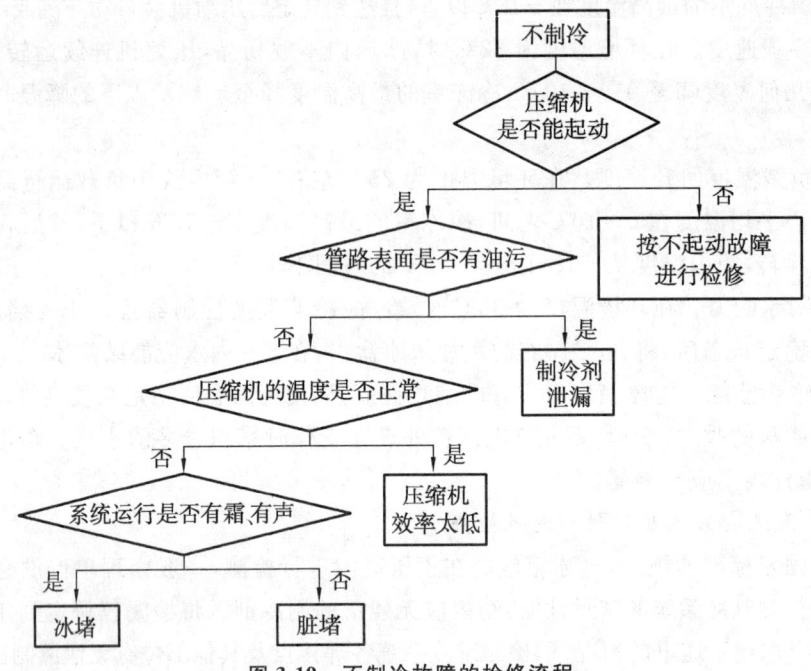

图 3-19　不制冷故障的检修流程

(二)故障原因分析

(1)系统内制冷剂全部泄漏:电冰箱制冷系统出现泄漏后,若没能及时维修,制冷剂会全部漏掉。渗漏有两种:一种情况是慢漏,即电冰箱一段时间没有使用,到了使用时才发现泄漏,有时是在使用过程中发现制冷效果逐渐变差,最后不制冷了;另一种情况是快漏,即由于系统管路突然破裂等情况,制冷剂迅速漏完。

制冷剂全部泄漏后电冰箱的主要表现如下。

① 检漏。用目测、手摸或电子卤素检漏仪检查可发现有泄漏点。

② 查霜。蒸发器根本不结霜。

③ 查冷凝器。冷凝器表面根本无热感,温度与室温相同。

④ 运转电流。用钳形电流表测试压缩机运转电流小于正常值,但因为不制冷,空运转耗电量并不低。

⑤ 制冷剂检查。停机后切开工艺管无制冷剂喷出。

⑥ 听声音。蒸发器处听不到液体流动声,压缩机起动很轻松。

(2)制冷系统堵塞:电冰箱制冷系统存在各种堵塞现象,具体表现在以下几个方面。

① 冰堵：若制冷系统中的主要零部件干燥处理不当，整个系统抽空效果不理想或制冷剂中所含水分超量，电冰箱运行一段时间后就会出现冰堵现象。

② 毛细管处脏堵：毛细管的进口处最容易被较大的粉状污物或冷冻油堵塞，污物较多时会将毛细管堵死，使制冷剂无法通过。

③ 干燥过滤器堵塞：干燥过滤器完全堵塞的情况一般不多见，大多是由于制冷系统中填充的材料或其他粉尘因电冰箱使用时间较长而呈糊状，从而封住了干燥过滤器，或是污物渐积于干燥过滤器内所致。有时敲击干燥过滤器后会出现通气的现象，用手触摸干燥过滤器时有比正常时凉的感觉。

(3) 压缩机效率低：压缩机是靠吸排气阀的开、关将制冷剂排出、吸入来进行工作的，如阀片碎裂、压缩机不做功，制冷剂就无法排出，也就不能制冷了。

二、电冰箱制冷效果差

(一) 检修流程

制冷效果差是指电冰箱压缩机能运转，但是在规定的工作条件下其箱内温度降不到原定的温度的故障现象。造成这种现象的原因很多，可以按以下流程进行分析检修，如图3-20所示。

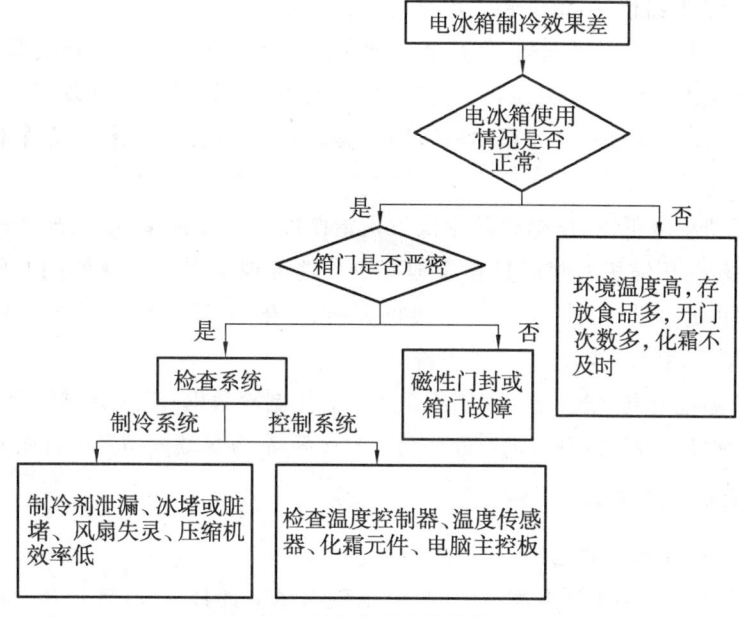

图3-20 制冷效果差的检修流程

(二) 故障原因分析

(1) 制冷剂不足：在电冰箱制冷系统中，如果制冷剂存在泄漏，制冷量就会不足。其表现为吸排气压力低而排气温度高，排气管烫手；在毛细管出口处能听到比平时要大的断续的"吱吱"气流声；蒸发器挂霜或挂少量的浮霜；停机后系统的平衡压力一般低于相同环境温度所对应的饱和压力。

(2) 充注的制冷剂过多：制冷系统中充注的制冷剂超过系统的容量时，过多的液体制冷剂就会占去一部分蒸发器的容积,减小换热面积,使其制冷效率降低。出现的异常现象是吸排气压力普遍高于正常压力值,冷凝器温度高,压缩机电力增大,蒸发器结霜不实,箱内温度降得慢,回气管挂霜。

制冷剂充入过量时,不能在蒸发器里蒸发的液体制冷剂将返回到压缩机中,会发生液击现象。当液体制冷剂进入压缩机底部的冷冻油中时,会立即蒸发,发生气泡,严重时泡沫充满机壳而被吸入活塞中,产生液击,将导致压缩机部件受损。

(3) 制冷系统微堵：由于制冷系统没有清洗干净,经过长时间的使用后,污物淤积在干燥过滤器中,使其部分网孔被堵塞,致使其流量减小,影响电冰箱的制冷效果。

系统发生微堵时的反常现象是排气压力偏低,排气温度下降,被堵塞部位的温度比正常温度低。

(4) 蒸发器管路中有冷冻油：在制冷系统循环中,有些冷冻油残留在蒸发器管路内,经过较长时间的使用,蒸发器内残留的冷冻油较多时,会严重影响其传热效果,出现制冷效果差的现象。

(5) 蒸发器霜层过厚：直冷式电冰箱长时间使用后,蒸发器需要定时除霜。若不进行除霜,蒸发器管路上的霜层会越积越厚。当霜层将整个管路包住形成透明冰层时,将会严重地影响蒸发器传热,致使箱内温度降不到要求范围。

(6) 风扇风量不足或不运转：间冷式电冰箱的冷风吹送靠风扇。若风扇不转或转速不够,致使冷风对流不足,箱内温度下降得慢,就会出现制冷效果差的现象。

(7) 风门失灵：间冷式电冰箱的感温风门被卡住或开度过小,使冷气循环不良,致使冷藏室温度偏高。

(8) 压缩机效率低下：压缩机效率低下是指制冷剂不变的情况下,压缩机实际排气量下降,这必然使压缩机的制冷量相应地减少。这种现象多发生在使用时间较长的压缩机上,压缩机的运动部件受到很大程度的磨损、老化,各部件配合间隙增大,气阀的密封性能降低,从而引起实际排气量的下降。

(9) 制冷系统内有空气：空气在制冷系统中会使制冷效率降低,突出表现为吸排气压力的升高,压缩机出口至冷凝器进口处的温度明显升高,气体喷发声断续且明显增大。

三、电冰箱系统堵塞

(一) 系统进入水分的危害

制冷系统中水分的主要来源有：压缩机电机绝缘纸含有水分,这是系统中水分的主要来源；此外,制冷系统各部件和连接管道因为干燥不充分而残留的水分；冷冻机油和制冷剂中含有超过允许量的水分；在装配或维修过程中管路长时间处于开放状态,致使空气中的水分被电机绝缘纸和冷冻油吸收。由于以上原因造成制冷系统含水量超过制冷系统的允许量,因而发生冰堵。冰堵一方面造成制冷剂无法循环,电冰箱不能正常制冷；另一方面水分还会与制冷剂发生化学反应,生成盐酸和氟化氢,造成对金属管路和部件的腐蚀,甚至还会导致电动机绕组的绝缘损坏,同时会造成冷冻机油变质,影响压缩机的润滑,因此必须将系统内的水分控制在最低限度。

(二)脏堵与冰塞的故障现象

脏堵的形成是由于制冷系统内有过量的杂质所致。系统中杂质的来源主要有电冰箱制造过程中的灰尘、金属屑末,管道焊接时内壁面的氧化层脱落,各个零部件在加工过程中内外表面没有清洗干净,管路密封不严灰尘进入管内,冷冻机油和制冷剂中含有杂质,干燥过滤器内质量低劣的干燥剂粉末。这些杂质和粉末流经干燥过滤器时,大部分被干燥过滤器清除,而当干燥过滤器杂质较多时,一些细小的脏物和杂质就被流速较高的制冷剂带入毛细管,在毛细管弯曲段阻力较大的部位滞留堆积,阻力越来越大,使杂质更容易滞留,直到把毛细管堵塞,制冷系统不能循环为止。此外毛细管与干燥过滤器中滤网的距离过近也容易引起脏堵故障,另外在焊接毛细管和干燥过滤器时也容易将毛细管管口焊堵。

制冷系统内含有过量的水分,随着制冷剂的不断循环,制冷系统中的水分逐渐在毛细管出口处集中,由于毛细管出口处的温度最低,水结成了冰且逐渐增大,到一定的程度就将毛细管完全堵塞,形成冰塞现象,制冷剂不能循环,电冰箱不能制冷。

冰堵与脏堵的区别是:冰堵发生一段时间后还能恢复制冷,形成一会儿通一会儿堵,堵了又通,通了又堵的周期性重复。而脏堵发生后就不能制冷了。

(三)故障原因分析

制冷系统出现脏堵后,由于制冷剂无法循环,使压缩机连续运转,蒸发器不冷,冷凝器不热,压缩机外壳也不热,听蒸发器内无气流声。如部分堵塞时,蒸发器有凉的感觉,但是不结霜。摸干燥过滤器和毛细管外表面时手感到很凉,有结露,甚至会结出一层白霜。这是因为制冷剂流过微堵的干燥过滤器或毛细管时,产生节流降压作用,从而使流过堵塞处的制冷剂产生膨胀、汽化、吸热,致使堵塞处的外表面结露或结霜。

制冷系统出现冰塞的表现是最初阶段工作正常,蒸发器内结霜,冷凝器散热,机组运转平稳,蒸发器内制冷剂活动声音清晰稳定。随着冰塞的发生可听见气流声逐渐变弱、时断时续,严重时气流声消失,制冷剂循环中断,冷凝器逐渐变凉。由于堵塞,排气压力升高,机器运行声音变大,蒸发器内无制冷剂流入,结霜面积逐渐变小,温度也逐渐升高,同时毛细管温度也一起上升,于是冰开始融化,此时制冷剂又开始重新循环。过一段时间后冰塞再次发生,形成周期性的通—堵现象。

(四)故障排除方法

(1)冰塞:制冷系统发生冰塞是因为系统内有过量的水分,因此必须对整个制冷系统进行干燥处理,其处理方法可以采用干燥箱对各个部件进行加热干燥,将制冷系统中的压缩机、冷凝器、蒸发器、毛细管、回汽管从电冰箱上拆下,放入干燥箱内加热干燥,箱内温度为120℃左右,干燥时间4小时,待其自然冷却后,用氮气逐个进行吹气干燥。调换新的干燥过滤器,然后即可进行组装焊接、打压检漏、抽真空、充灌制冷剂、调试运转和封口。采用这种方法排除冰塞故障效果最好,但是只适用于电冰箱厂家的保修部门。一般修理部门可以采用加热抽空等方法排除冰塞故障。

(2)脏堵:毛细管脏堵故障的排除方法有两种:一是用高压氮气结合其他方法将堵塞毛细管的脏物吹出,毛细管吹通后,经过对制冷系统各个部件的清洗干燥后重新进行组装焊接将故障排除。如果毛细管堵塞严重,上述方法不能排除故障则采用更换毛细

管的方法排除故障,具体方法如下:

① 用高压氮气吹出毛细管中的脏物:割开工艺管放液,将毛细管从干燥过滤器上焊下,在压缩机工艺管上接上三通修理阀,充入 0.6～0.8 MPa 的高压氮气,并将毛细管伸直用气焊碳化焰加温,将管内的脏物碳化,在高压氮气作用下将毛细管内的脏物吹出。毛细管畅通后,加入四氯化碳 100 mL 进行冲气清洗。冷凝器的清洗可以在管道清洗装置上用四氯化碳清洗。然后更换干燥过滤器,再充氮检漏、抽真空,最后充灌制冷剂。

② 更换毛细管,如果上述方法无法将毛细管中的脏物吹出,则可连同低压管一起更换毛细管。先用气焊将低压管和毛细管一起从蒸发器铜铝接头上卸下,在拆卸和焊接时应先用湿棉纱将铜铝接头包住以防止高温烧坏铝管。

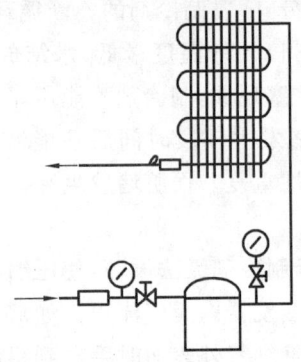

图 3-21 毛细管流量测定

更换毛细管应进行流量测定,测定方法见图 3-21 所示,毛细管出口先不与蒸发器入口焊接,在压缩机的吸排气进出口处分别装修理阀和压力表,压缩机运转后,空气从低压修理阀吸入,待其吸入压力与外界大气压相同时,高压表指示压力应稳定在 1～1.2 MPa。如果压力超过说明流量过小,可以截去一段毛细管,直至压力合适为止。如果压力过低,说明流量过大,可以将毛细管多盘几圈以加大毛细管的阻力或更换一根毛细管,待压力合适后将毛细管与蒸发器的进口管焊接。

在焊接新的毛细管时,应使插入铜铝接头内的长度为 4～5 cm,以免焊堵。毛细管与干燥过滤器焊接时其插入长度以 2.5 cm 为宜,如果毛细管插入干燥过滤器过多,离滤网太近,微小的分子筛颗粒就会进入毛细管将其堵塞。若毛细管插入过少,焊接时的杂质和分子筛颗粒便会进入毛细管,直接堵塞毛细管通道。因此毛细管插入过滤器,既不能过多也不能过少,过多或过少都会造成堵塞危险。图 3-22 所示为毛细管与干燥过滤器的连接位置。

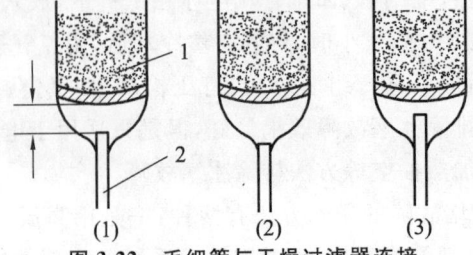

图 3-22 毛细管与干燥过滤器连接
(1) 接法正确 (2) 接法错误 (3) 接法错误
1. 分子筛干燥过滤器 2. 毛细管

四、电冰箱制冷不停机

(一) 检修流程

电冰箱连续运转不停机的原因通常有三种:一是制冷效果差,电冰箱箱内温度达不到温度控制器的停机要求,这种情况按制冷效果差的故障处理;二是不制冷,这种情况按不制冷的故障处理;三是制冷系统正常,箱内温度极低,很有可能是控制系统(温控器、传感器、感温器、主控制板等)有故障。压缩机不停机的检修流程如图3-23所示。

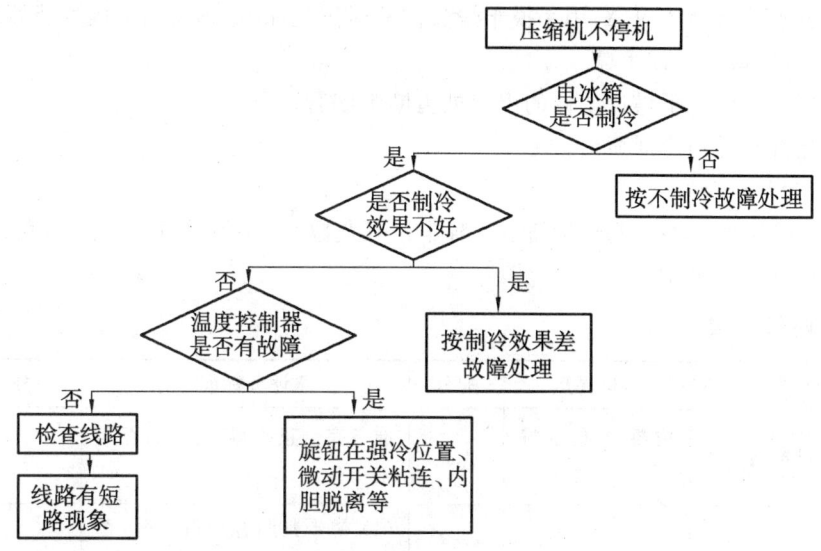

图 3-23 不停机故障检修流程

(二) 故障原因分析

(1) 温度控制器失灵:温度控制器失灵,如温度控制器触头粘连,就会无法切断压缩机电源,使压缩机连续运转,并使箱内温度降得很低,这一般是由于温度控制器的触头不能断开导致的。

(2) 温度调整不当:温度控制器温度旋钮调至强冷点,此点为速冻点或连续运转点,其关机温度太低,电冰箱不停机,箱内温度越来越低。

(3) 感温管失控:感温管盘制到固定盒内的圈数少,感知温度不灵敏;感温管与所贴压蒸发器表面固定松动、脱位;温度传感器热敏电阻工作不正常。

(4) 箱体内胆脱离:箱体内胆与蒸发器脱离,导致固定在内胆表面的温度控制器感温管不能正确感知蒸发器制冷温度,使电冰箱一直制冷,不停机。

 项目实施

干燥过滤器堵塞不制冷的维修

一、工作准备

(一) 测量仪器仪表的准备

BCD—230型电冰箱、克丝钳。

（二）设备场地的准备

实训室内应保证工作环境干净、整洁，远离火源。

二、工作程序

（一）开机试运行，故障初步判断

通电试机，可听到压缩机正常工作时的运转声，手摸外壳感觉有轻微的振动，有温感。

（二）仪器仪表测量数据分析确认故障原因

测得运行电流为0.9 A，用手摸干燥过滤器时感觉冰凉，判断为干燥过滤器堵塞。

（三）排除故障维修步骤

(1) 用克丝钳在干燥过滤器的出口处剪断毛细管。

(2) 让油污随制冷剂喷出。

（四）开机检验

(1) 起动压缩机，使油污尽量随制冷剂排出，反复数次后，冷凝器内的油污便可以排出。

(2) 更换干燥过滤器。

三、评价标准

序号	考核内容	考核要点	配分	评分标准	扣分	得分
1	器具准备	按要求准备好工具与材料	1.5	准备完全正确得1.5分，否则不得分		
2	冰箱系统干燥过滤器堵塞故障维修	正确维修冰箱干燥过滤器堵塞故障	5	(1) 初步判断合理得1分，否则该项不得分 (2) 精确判断工具选择合适、数据判断正确得2分，工具选择错误扣1分，数据判断错误扣1分 (3) 维修操作正确无误得2分，每错误一处扣1分，扣完2分为止		
3	能正确回答老师提出的问题	正确复述操作注意事项	2	复述关键点一项错误扣0.5分，扣完为止		
4	安全操作	按照安全要求进行操作	1	能够按安全操作规定进行操作得1分，否则不得分		
5	善后工作	按要求清理工作现场	0.5	善后处理及时，否则不得分		
	合计		10			

制冷剂不足的维修

一、工作准备

（一）测量仪器仪表的准备

BCD－230型电冰箱、钎焊设备、焊条、肥皂水、钳形电流表。

（二）设备场地的准备

实训室内应保证工作环境干净、整洁,远离火源。

二、工作程序

（一）开机试运行,故障初步判断

通电试机,可听到压缩机正常工作时的运转声,手摸吸气侧压力低而排气侧压力高,排气管路烫手;蒸发器不挂霜。

（二）仪器仪表测量数据分析确认故障原因

(1) 用钳形电流表测冰箱运行电流低于额定电流。

(2) 用肥皂水在电冰箱制冷系统接头处以及焊接密封处涂抹检查,未发现冒气泡现象,判断制冷系统没有明显泄漏,但是系统内缺少制冷剂。

（三）排除故障维修步骤

按正常的检修方法充注制冷剂,保压24小时后,未见异常。

（四）开机检验

通电运转试机,制冷效果正常。

三、注意事项

由于电冰箱制冷系统接头多,焊接密封处多,潜在的渗漏点相应也多。在检修时,必须注意摸索总结易漏之处,根据经验来查找各主要连接点是否有渗油、管路断裂等现象。如果没有发现较大渗漏点,可按正常的检修方法充注氮气、检漏、修复渗漏点、抽真空、充注制冷剂、然后试机。

四、评价标准

序号	考核内容	考核要点	配分	评分标准	扣分	得分
1	器具准备	按要求准备好工具与材料	1.5	准备完全正确得1.5分,否则不得分		
2	冰箱制冷剂不足故障维修	正确维修冰箱制冷剂不足故障	5	(1) 初步判断合理得1分,否则该项不得分 (2) 精确判断工具选择合适、数据判断正确得2分,工具选择错误扣1分,数据判断错误扣1分 (3) 维修操作正确无误得2分,每错误一处扣1分,扣完2分为止		

续表

序号	考核内容	考核要点	配分	评分标准	扣分	得分
3	能正确回答老师提出的问题	正确复述操作注意事项	2	复述关键点一项错误扣0.5分,扣完2分为止		
4	安全操作	按照安全要求进行操作	1	能够按照安全操作规定进行操作得1分,否则不得分		
5	善后工作	按要求清理工作现场	0.5	善后处理及时,否则不得分		
	合计		10			

制冷系统毛细管冰堵的维修

一、工作准备

(一)测量仪器仪表的准备

BCD－230型电冰箱、100 W白炽灯泡、三通修理阀、真空泵、钎焊设备。

(二)设备场地的准备

实训室内应保证工作环境干净、整洁,远离火源。

二、工作程序

(一)开机试运行,故障初步判断

一开机工作状态正常,10～30 min压缩机声音加大,冷冻室原来结的冰慢慢化掉,初步判定为冰堵。

(二)仪器仪表测量数据分析确认故障原因

再开机后听到压缩机声音加大时,拔掉电源仔细听电冰箱内没有气流声。一开始没有,打开冷冻室门,等待10分钟以后听到冷冻室后部有气流声,再开压缩机又可以制冷。过一段时间,又出现不能制冷的情况,确认冰堵发生。

(三)排除故障维修步骤

(1)切开压缩机的工艺管放出制冷剂,将功率为100 W的白炽灯泡放到冰箱的冷冻室内加热;

(2)将原来的干燥过滤器换掉,将压缩机工艺管接上修理阀;

(3)加热约2小时后开启真空泵,对系统进行抽真空处理;

(4)抽真空1小时后,取出加热灯泡,关掉真空泵,加100 g制冷剂。

(四)开机检验

开机30分钟左右没有冰堵现象。为确保安全,再次对系统抽真空,同时加热冷冻室,对干燥过滤器加热,使其在100℃左右加热约1 h后再加制冷剂开机试验,一切正常。

三、评价标准

序号	考核内容	考核要点	配分	评分标准	扣分	得分
1	器具准备	按要求准备好工具与材料	1.5	准备完全正确得1.5分,否则不得分		
2	冰箱毛细管堵塞故障维修	正确维修冰箱毛细管堵塞故障	5	(1) 初步判断合理得1分,否则该项不得分 (2) 精确判断工具选择合适、数据判断正确得2分,工具选择错误扣1分,数据判断错误扣1分 (3) 维修操作正确无误得2分,每错误一处扣1分,扣完2分为止		
3	能正确回答老师提出的问题	正确复述操作注意事项	2	复述关键点一项错误扣0.5分,扣完2分为止		
4	安全操作	按照安全要求进行操作	1	能够按照安全操作规定进行操作得1分,否则不得分		
5	善后工作	按要求清理工作现场	0.5	善后处理及时,否则不得分		
	合计		10			

制冷不停机的维修

一、工作准备

（一）测量仪器仪表的准备

一台双门直冷式电冰箱、温度计。

（二）设备场地的准备

实训室内应保证工作环境干净、整洁,远离火源。

二、工作程序

（一）开机试运行,故障初步判断

开机运行很长时间,箱内温度正常但是压缩机运转不停机。

（二）仪器仪表检测分析确认故障原因

(1) 打开箱门,发现冷藏室温度传感器感温管脱离蒸发器表面而悬在空中;

(2) 经判断,正常情况下冷藏室温度传感器感温管应紧贴在蒸发器表面;

(3) 温度控制器的动静触头不能断开,致使压缩机运转不停机。

（三）排除故障维修步骤

按原来的位置固定好感温管。

（四）开机检验

开机后,冰箱恢复正常工作。

三、注意事项

检查发现蒸发器结霜良好且厚实,手摸冷凝器表面烫手,将温度控制器旋钮旋到停点,压缩机能停机。移动一下冰箱的位置,将其放到通风、后背距离墙壁10 cm以上的位置,电冰箱压缩机的工作能恢复到正常的状态。

四、评价标准

序号	考核内容	考核要点	配分	评分标准	扣分	得分
1	器具准备	按要求准备好工具与材料	1.5	准备完全正确得1.5分,否则不得分		
2	冰箱不停机故障维修	正确维修冰箱不停机故障	5	(1) 初步判断合理得1分,否则该项不得分 (2) 精确判断方法得当,判断正确得2分,方法选择错误扣1分,判断错误扣1分 (3) 维修操作正确无误得2分,每错误一处扣1分,扣完2分为止		
3	能正确回答老师提出的问题	正确复述操作注意事项	2	复述关键点一项错误扣0.5分,扣完2分为止		
4	安全操作	按照安全要求进行操作	1	能够按照安全操作规定进行操作得1分,否则不得分		
5	善后工作	按要求清理工作现场	0.5	善后处理及时,否则不得分		
	合计		10			

知识拓展

电冰箱维修基本原则

(1) 先外后内。先排除外界因素的影响,再检查电冰箱内部故障。

(2) 先电后冷。先把电气故障排除,使压缩机正常运转,再考虑制冷故障。

(3) 先条件后器件。如压缩机不运转,应先查看压缩机运转需要的工作电压是否具备,起动继电器、温度控制器有无问题,最后才考虑压缩机本身。

(4) 先易后难。先检查易发生、常见的、单一的故障和易损、易拆的部位,后考虑复合、故障率低、难拆卸的器件。

单元四　交付使用

项目一　家用制冷器具使用知识

学习目标

1. 了解家用制冷器具各种标识的含义；
2. 了解家用制冷器具的使用注意事项；
3. 掌握家用制冷器具成本核算知识；
4. 了解新型家用制冷器具的功能。

知识平台

一、家用制冷器具的标识

（一）电冰箱(电冰柜)型号的表示方法：

（1）电冰箱的型号：根据我国轻工业部关于电冰箱型号标准的规定，容积在250 L以下的电机压缩式家用电冰箱的型号由五部分组成，其含义如下：

B Y □ □ □

B——产品名称：家用电冰箱。

Y——型式：电机压缩式。

□——类型：冷藏箱(单门)不标，冷藏冷冻箱(双门或双门以上)标"D"。

□——有效容积：以升为单位，用阿拉伯数字表示。

□——改进设计序号：以 A、B、C 等字母表示。

例如：BY160，表示 160 L 电机压缩式家用电冰箱；BYD180，表示 180 L 电机压缩式家用冷藏冷冻电冰箱；BYD200A，表示第一次改进设计的 200 L 电机压缩式家用冷藏冷冻电冰箱。

（2）电冰箱质量等级分类：电冰箱的质量要经过严格的技术监测，按质量优劣可分为 A、B、C、D 四个等级。这是我国轻工业部标准质量局根据国际 IEC 标准(家用和类似用途电器的安全通用要求)以及国际 ISO 标准制定的分级标准。

A 级——优等(国际先进水平)；

B 级——良好(国际一般水平)；

C 级——一般(国内先进水平)；

D 级——可用(国内一般水平)。

评定 A、B、C、D 级别的判定项目和依据如下。

① 安全性能:安全性能不分级,不计分,只分为合格与不合格两种。致命缺陷项目为:防触电保护、工作温度下的泄漏电流、防水、绝缘电阻、电气强度、接地装置6项。其中有一台次不合格者,判定为不合格产品。

② 外观标准与装配质量:包括外观、电镀件、表面镀层、装配牢固性与运输试验、有效容积、额定值与标志。

③ 制冷性能:包括储藏温度、制冷速度,以及制冷剂年泄漏量(克/年,A级≤0.16 g,B级≤0.32 g,C级≤0.4 g,D级≤0.5 g),负载温度回升速度。

④ 噪声(250 L以下的电冰箱):

A级≤42 dB;

B级≤45 dB;

C级≤48 dB;

D级≤52 dB;

A级的耗电量按规定减少10%,B级按规定减少7%,乙级按规定减少5%,D级符合上述规定。

注意:冷冻室容积超过电冰箱总容积的30%,其耗电量增加0.1 kW·h/24 h;间冷式电冰箱耗电量增加15%。

(二) 电冰箱铭牌

图4-1为电冰箱的铭牌。通过铭牌可以具体了解冰箱的一些性能指标。

型号	BCD-196(无氟)
额定电压	220 V
额定频率	50 Hz
输入总功率	105 W
耗电量	0.69 kW.h/24 h
总有效容积	196 L
气候类型	ST
防触电保护类型	I
制冷剂及装入量	R134a/92 g
冷冻能力	4.0 kg/24 h
重量	24 kg

图4-1 电冰箱铭牌

(1) 气候类型:电冰箱的气候类型是衡量其适应季节变化和地区差异能力的标志,直接关系到其四季的制冷性能。如果选用电冰箱气候类型与当地的气候条件不符合,消费者很可能遇到"冬天不制冷,夏天不停机"的现象。这"故障"源于设计,不是维修和保养能解决的。因此,购买冰箱时要看冰箱后面的铭牌,只有表明"SN—ST(亚温带—亚热带)"气候类型的电冰箱才是真正的"宽气候设计"电冰箱。

(2) 耗电量:耗电量是指按规定的环境温度和试验方法,电冰箱在稳定运行状态下运行24小时的耗电量。

(3) 冷冻能力:冷冻能力又称为制冷能力,指在规定的条件下,24小时内使试验包的温度从25℃或32℃降到-18℃时试验包的质量。

(三)电冰箱使用注意事项

(1) 电冰箱的放置:电冰箱需要放置于平坦坚固的地面,如需垫高,也需要选择平稳、坚硬、不可燃的垫块,切勿将电冰箱的包装泡沫垫块用来垫高冰箱。有的厂家自带电冰箱底部四角调整平衡旋钮装置,可以在电冰箱脚下加垫胶皮垫等,使之达到平衡、噪声最小。

电冰箱应放在通风良好、远离热源且避免阳光直射的地方。电冰箱的四周应留有 100 mm 以上的间隙,如果电冰箱嵌入整体式厨房或墙内,则更要注意一定要让其四周留有足够的间隙,以利于空气的流通,保证冷凝器能通风散热。

(2) 电冰箱的电源插座:电冰箱应使用交流 220 V/50 Hz 电源。电冰箱使用时,电源电压不能过高或过低,一般应为电冰箱额定电压的 85%~110%,否则均会影响压缩机电动机的正常运转,使电冰箱不能正常工作,严重的甚至会造成冰箱不起动,主控板和压缩机被烧坏或压缩机工作声音异常等故障。因此,在电源电压不能满足要求时,要配合使用电冰箱稳压装置,以使电冰箱电压稳定。

要为电冰箱安排单独的电源线路和专用插座,不能与其他电器合用同一插座,否则会造成不良事故。电源插座内最好附有 10~15 A 的熔丝,以防外部电源问题损坏电冰箱的压缩机和其他电器元件。

电冰箱的电源线要配用三线插头,必须要用符合标准的三线插座,接地要良好。用户切勿随意切除或拆除电源线的第三插脚,改用二线插座。

电冰箱安装到位后,插头、插座应方便拔插。插座接线应符合"左零右火上接地"的原则。

(3) 电冰箱温度的调节:机械温控电冰箱通常使用温度控制器来调节箱内的温度。旋转式温度控制器旋钮标有 0、1、2、3、4……数字挡位,直滑式温度控制器标有 0、Min、Max 标志。旋钮盘上的数值并不是箱内的实际温度,而是箱内低温程度的表示,习惯上规定盘面数值越大,表示箱内温度越低。第 0 挡为停机挡,即电冰箱压缩机停止工作,不会起动;数字最大挡为速冻挡,即压缩机一直工作在运行状态,不会停机。

① 在炎热的夏天,应把温度控制器旋钮调到小数字挡,不要调到过大数字位置,否则可能会造成压缩机不停机。这是因为箱内外温差越大,通过箱壁进入箱体内部的热量就越多。因此,为保证电冰箱的正常运行,把温度控制器旋钮旋小,就可以使压缩机维持一定的开停机比率。

② 在温度较低的冬季,可以把温度控制器调到较大数字。因为环境温度低,压缩机工作时间短,停机时间长。这样虽对冷藏室温度影响并不大,但是对冷冻室来说,制冷时间缩短后,冷冻室温度将达不到星级要求。所以,在冬季宜将温度控制器旋钮重新调小,否则时间一长会导致压缩机起动过热保护或烧坏。

③ 将温度控制器旋钮调到最大数字挡或强冷极限位置时,达到速冻目的后,切莫忘记将旋钮重新调小,否则时间一长会导致压缩机起动过热保护或烧坏。

④ 当环境温度低于 16℃时,打开电热补偿开关。其一方面可保证冷冻室符合温度;另一方面可以防止环境温度太低而使温度控制器失灵。

正确调节电冰箱温度控制器旋钮既可以使储藏的食品保鲜,又可以省电。

(4) 电脑调节:电脑温控式电冰箱对温度的控制是靠主控屏上小轻触式按键来实现的。电冰箱功能越多,主控屏就越复杂。

① 刚接通电源时,电冰箱自动设定为人工智能状态,温度显示的是冷藏室、冷冻室的实际温度。此时无需任何调节,即能保证最佳制冷效果。

② 如果要用人为方式调节,则一般应将冷冻室调节在－18℃;冷藏室调节在5℃~6℃;变温室可以根据存储食物的需要设定温度,一般介于冷冻室和冷藏室之间。

(5) 食品的储存:正确使用电冰箱合理地储存食品,可以达到食品保鲜、保质、省电节能的目的。

① 新购买的电冰箱要经过一段时间的通电运转,等箱内充分冷却后,才能放入食品,正式使用。

② 虽然通过调节温度挡位可以使冷藏室绝大部分空间的平均温度在0~10℃之间,但冷藏室无法使食品长期保鲜,所以只能作为短时间的食品储藏室使用。

③ 食品放在电冰箱之前最好密封起来,这样不但能防止干耗,保持水果蔬菜的新鲜,而且能防止食品之间相互串味。

④ 热食品放入冰箱前应先冷却到室温;食品经清洁并擦干水珠后,再放入冰箱内储藏。这样能减少用电量,避免带入冰箱内不必要的水分。

⑤ 储存食物时不要过紧过满,食品之间、食品与箱壁之间应有10 mm以上的空隙,以利于箱内空气对流,从而使电冰箱内温度均匀稳定,减少耗电。

⑥ 食品要分类整理冷藏,根据食品种类分开存放。每天吃的东西宜放在搁物架的前面,这样可以避免不必要的长时间开门,也不会因忘记食用而发生食品变质的现象。

⑦ 将冷冻食品放在冷藏室内化冻,这样可以利用冷冻食品的低温来冷藏食品,达到节能的效果。

⑧ 电冰箱中存放的食品特别是油类食品与内胆长时间接触,会造成内胆腐蚀,故应尽量避免食品与内胆直接接触。当内胆沾上油污时,应及时清理、擦拭干净。

(6) 除臭:电冰箱使用久了,箱内就会出现难闻的怪味,叫人难以忍受。除了用除臭剂除味或及时清洗外还有一些简便的方法,可以轻松快捷地除去箱内的臭味。

① 将燃烧过的蜂窝煤完整地取出,放入箱内,一两天后即可除去异味。

② 做馒头时剩一小块生面,把生面放在碗里,再放到冷藏室上层,可以使冰箱内两到三个月都没有异味。

③ 用纱布包50 g茶叶放入电冰箱,一个月后取出放在太阳下暴晒,再装入纱布放进电冰箱,反复使用,也可以除去箱内异味。

④ 用一条干净的纯棉毛巾,折叠整齐放在电冰箱上层网架边,毛巾上的微细孔可吸附箱内的气味。过段时间将毛巾取出用温水洗净晒干后可继续使用。

⑤ 把几块竹炭放到冷藏室内,竹炭特有多孔结构,可以迅速吸收电冰箱内的异味。用一段时间后,把竹炭拿出来在阳光下晒干,还可以继续使用。

(7) 日常保养方法:

① 定期对电冰箱内部进行清洁,门封条上的污迹要及时擦去。否则,会加速门封磁条老化而影响箱门的密封性能,造成箱内温度升高和耗电量的增加。尤其是下门封条更容易受到污染,要常常检查。

② 电冰箱内部可以拆下的搁架和抽屉都可以用水清洗。清洁箱体表面和门缝磁条

时,应先拔掉电源插头,用软布蘸温水或肥皂水擦拭,最后用清水擦拭并抹干。电冰箱内外切忌用水冲洗,以免导致漏电或引起故障。

③ 清洁背面的机械部分时,应用毛刷除去灰尘,以保证良好的散热条件。清洁时,切勿用酒精、汽油、洗衣粉、酸溶液等强腐蚀性液体。

④ 电冰箱工作时应尽量减少开门次数,以减少冷气的外溢。

⑤ 电冰箱电压波动大,如反复断电时,应暂停电冰箱的使用,拔去电源插头,防止烧坏压缩机。电冰箱停机后不要马上通电起动压缩机,应 2 min 后再起动。临时停电时,应将电冰箱插头拔下,停电期间尽量减少开门的次数,在箱门紧闭情况下,食品可以保鲜 15~20 h。

⑥ 在电冰箱使用过程中,应注意它的制冷性能,进而选择一挡最适合自己家庭的温度。转换温度控制器旋钮可改变箱内温度。

⑦ 在潮湿的季节里电冰箱箱体和门体的表面可能会出现凝水现象。此现象属于正常现象,可以及时用干布擦去。若不及时将出现的水珠擦去,则可能会影响电冰箱保温性能。

⑧ 不要在冰箱顶部放置其他家用电器,以免发生干扰,损坏电冰箱的电气部件或冰箱上的家用电器的电气部件。

二、维修成本核算知识

(一) 常用零部件和辅料价格

制冷维修中常用的零部件主要有压缩机、蒸发器、冷凝器、毛细管、干燥过滤器、重锤式起动器、PTC 起动器、电容、四通换向阀、电磁阀、截止阀等。

常用零部件和辅料的零售价格一方面受供求市场的影响,一方面受生产成本的限制,在市场机制的调节下,会在一个价格区间内上下波动,一般从几元到几百元不等。维修人员要关注和了解常用零部件产品的质量情况和价格,要对顾客负责,替顾客着想,把住更换的零部件的质量关,不符合质量要求的零部件即使价格低也不能给顾客使用,更不能弄虚作假、欺瞒用户。在注重自身良好的从业形象和文明语言、礼貌待客的同时,还要注意维修质量和树立良好的信誉。

(二) 各种维修服务的收费标准和依据

维修服务收费是合理正当的,但维修劳动难以做到量化审定,因此,具体的收费标准难以界定,各地物价部门综合行业间的评估和本地情况,分别制定出的维修收费标准,维修人员必须认真执行。另外,随着市场经济的运行模式的扩展,维修收费也会产生一些浮动变化,但必须遵守的原则是不会改变的。

维修收费与产品品牌的市场占有率和售价有关,同时也与该产品的零部件价格有关,在某种意义上讲也与社会物价水平有关。因此维修收费应包括零部件的价格费用、各种材料的价格费用、消耗的工时费用、交通运输费用以及技术服务费用。这些费用既包括成本费用又包括技术劳动报酬。

(三) 成本的核算

维修服务的成本核算与生产部门的成本核算有所不同,维修人员通过维修设备投入了技术性的脑力和体力劳动,从而取得一定的经济利益。但是这种效益不应以降低或控制成本为基础。选择合格的零配件是保证维修质量的前提,决不能以廉价的残次品来降低维修成本而取得高额的维修收益,更不能伪称故障谋取不义之财。因此,成本核算首先必须保证维修质量，在此前提下，收取必要的合理费用。

维修费用核算的成本主要包括所更换的零部件费用、零部件的加工费用、消耗品和材料的费用、仪器和工具的折旧费、外出车船费与运输交通费以及其他特殊支出。在计算了上述成本的支出后，再收取物价部门规定的占总费用一定比例的修理劳务费，这部分费用中包含故障检查诊断和修理排除故障所需的技术和劳力报酬。

新型电冰箱的功能

新型电冰箱除了采用电子调温、液晶显示和多元化的外观设计之外，还在环保、节能和温控方面做了较大的改进。

（一）采用环保型制冷剂

传统的冰箱的制冷剂为 R12，由于它对大气臭氧层有损害，所以环保型冰箱的制冷剂用 R134a 或 R600a 替代，制冷系统中只能采用与之相应的压缩机、冷冻油和过滤器。

R134a 制冷系统的真空度要求高，因此对管路的密封要求高，抽空时间长。如果维修时没有同类制冷剂，要用 R12 代换 R134a 制冷剂时，需要换掉过滤器；而用 R12 代换 R600a 制冷剂时，除了换掉过滤器外，还要更换压缩机。所以，最好尽可能充灌同类制冷剂。

（二）采用了双循环、双温控系统

传统冰箱的冷冻室和冷藏室蒸发器为串联结构，采用单循环系统制冷，通过在冷藏室内的温控器来控制压缩机的开、停，保证冷藏的温度，而冷冻室是通过系统中蒸发器匹配达到温控要求。

新型电冰箱采用双循环甚至多循环系统，采用电子技术，在冷冻和冷藏室都设有感温头，通过二位三通电磁阀控制冷冻或冷藏室制冷剂，达到温控的目的。

电冰箱冷藏室直冷，而冷冻室采用间冷式结构。当冷藏和冷冻室均高于调定温度时，两室温控器均接通压缩机运行，此时制冷剂流向为：压缩机→冷凝器→电磁阀→第一毛细管→冷冻室蒸发器→冷藏室蒸发器→压缩机。由于冷冻室蒸发器相对冷藏室大得多，因而冷冻室先达到调定温度，当冷冻室温控器跳开时，电磁阀通电，此时关闭冷冻室制冷系统，制冷剂流向为：压缩机→冷凝器→电磁阀→第二毛细管→冷藏室蒸发器→压缩机。

如新飞 BDC-237AK 型冰箱的制冷系统，采用分立多循环制冷，冷冻与冷藏是相对独立的制冷和温度控制系统，通过三通电磁阀可使二者同时制冷，也可任意关闭其中的一个系统，因此各室温度可以任意调整，甚至冷冻室和冷藏室可以互换。

（三）采用了新的控制电路

新型电冰箱采用双温控制系统，常采用单片机控制，内设优化程序，其控制过程为：冷冻和冷藏都未达到调定温度时，两室都制冷，而冷冻室达到调定温度后，电磁阀供电，冷藏室制冷，冷藏室达到调定温度时，温控器断开，压缩机停机。当压缩机运转时，主控板中的化霜定时器通电，同步电机运转计时，累计开机 24 h 后，接水盘和蒸发器通电加热，处于化霜状态，化霜至蒸发器表面温度达 60℃时，化霜温控器断开，化霜结束，重新制冷，而蒸发器温度达 0.5℃时，化霜温控器又闭合，为下次化霜做准备。

第二部分 家用空调器维修

单元五 维修前准备

项目一 识读家用空调器接线图

学习目标

1. 认识空调器常用电子、电气零部件及电气符号；
2. 识读家用空调的接线图。

知识平台

一、空调器常用电子零部件及电气符号

（一）电阻器

电阻器(简称电阻)是空调器电子电路中应用最广泛的元件之一，电阻元件损坏后会造成空调器出现各种故障。

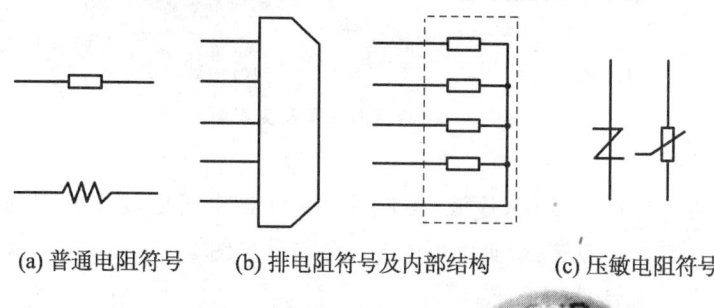

(a) 普通电阻符号　　(b) 排电阻符号及内部结构　　(c) 压敏电阻符号

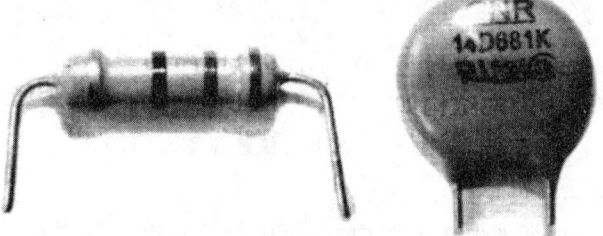

(d) 普通电阻实物图　　(e) 压敏电阻实物图

图 5-1　常用电阻器的外形结构

（1）普通电阻：普通电阻的符号如图 5-1(a)所示，外形如同图 5-1(d)所示。

（2）排电阻：排电阻是将多个等值的电阻集成封装为一体，多个电阻的一端连接在一起形成公共引出脚,其他为电阻端引出脚。它的内部结构如图5-1(b)所示。

(3)压敏电阻:压敏电阻主要用于空调器电源电路,正常时其电阻值很大,流过它的电流很小。当电源超过245 V时,压敏电阻立即由截止变为导通,由于它和电源并联,即刻将电源保险管熔断,保护主电路板。压敏电阻的符号如图5-1(c)所示。

(二)电容器

电容器(简称电容)在空调器电子电路中的主要功能是滤波、延时、升压等,同时也可用于起动压缩机。电容器的符号如图5-2(a)所示。

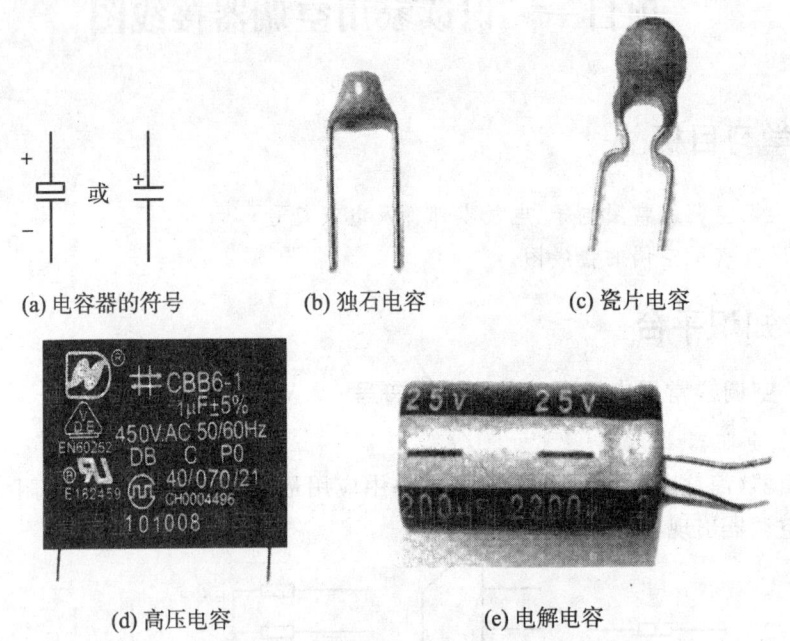

图5-2 电容器的符号及实物图

(三)晶体二极管

晶体二极管的作用是整流、检波、钳位等。空调器电子电路中常用的有整流二极管、稳压二极管、发光二极管、数码二极管等。其符号如图5-3所示。

图5-3 常用二极管符号

(四)晶体三极管

晶体三极管在空调器的电子电路中,主要用于信号放大及逻辑运算。其常见外形如图5-4所示。

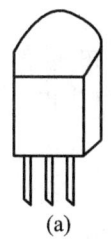  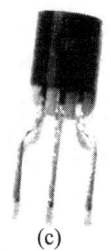

图 5-4　常见三极管外形图

（五）三端集成稳压器

三端集成稳压器是为空调器的控制电路提供所需的稳压电源。三端集成稳压器的三端是指电压输入端、电压输出端和公共接地端。常见的主要有 78 系列和 79 系列。78 系列稳压器输出正电压，79 系列稳压器输出负电压。三端集成稳压器如图 5-5 所示。

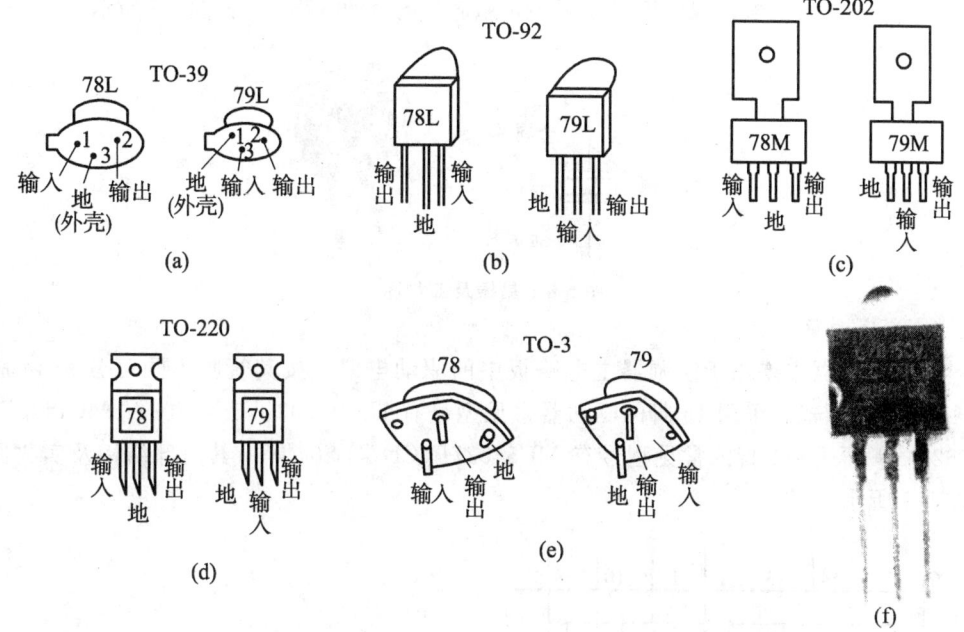

图 5-5　三端集成稳压器外形及实物图

（六）晶闸管

晶闸管又称可控硅，有单向和双向两种，在空调器电路中应用比较广泛，主要用于控制室内机的风速。其外形及符号如图 5-6 所示。

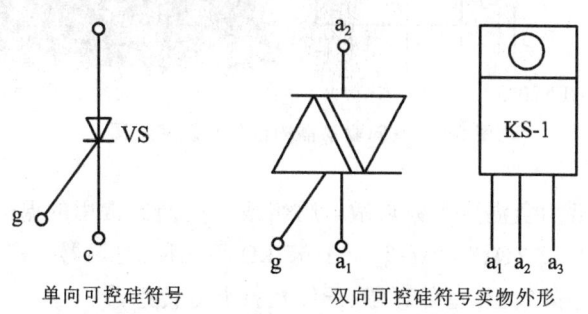

图 5-6　晶闸管符号及外形

(七)光电耦合器

光电耦合器在空调器中,主要用作室内外机的通信。它由半导体光敏器件和发光二极管组成,用来实现光电信号的传递。可分为光电二极管、光电三极管、光控双向可控硅 3 种。其实物及内部结构如图 5-7 所示。

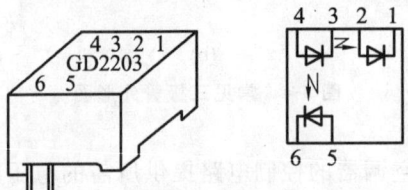

图 5-7 光电耦合器实物及内部结构图

(八)石英晶振

石英晶振简称晶振,主要用于空调器微电脑芯片的时钟电路中。如图 5-8 所示。

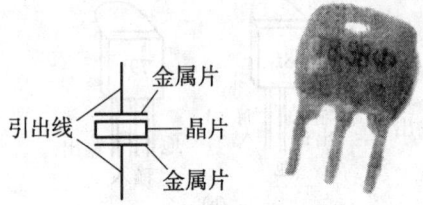

图 5-8 晶振及实物图

(九)反向驱动器

反向驱动器主要用于空调器主电路板中的驱动电路。按其管脚不同可分为 14 脚和 16 脚两种形式。采用 16 脚的驱动器常见型号有 ULN2003、ULN2803A、MC1413P、TD6203 等,采用 14 脚的常见型号有 MC54527P、CD74LS04 等。其内部结构及实物图如图 5-9 所示。

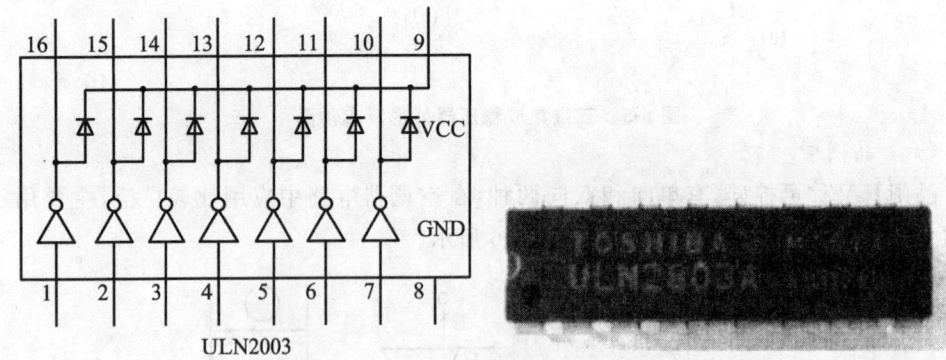

图 5-9 反向驱动器内部结构及实物图

(十)温度传感器

温度传感器主要由负温度系数热敏电阻组成。空调器常用的温度传感器的电阻值主要有 5 kΩ、10 kΩ、15 kΩ、20 kΩ、25 kΩ、65 kΩ 等几种,空调器有多个温度传感器:室内环温、室内管温、室外管温、室外环温、压缩机排温等传感器。

二、空调器常用电气零部件及电气符号

（一）变压器

变压器主要用在空调器控制电路中,作用是将交流电源电压降至一定值后送入整流电路,变压器按次级输出方式可分为多路输出或单路输出。其初级的阻值一般为几百欧姆,次级的阻值一般为几欧姆。变压器的结构及其符号如图 5-10 所示。

变压器常见的故障主要有线圈开路、短路、击穿等。

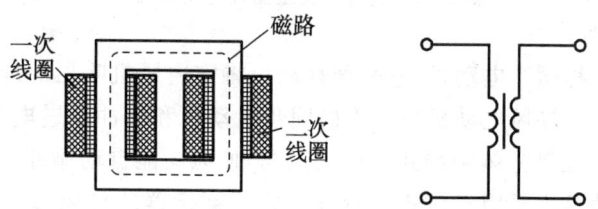

图 5-10 变压器的结构及符号

（二）交流接触器

交流接触器是利用电磁吸力,使电路接通和断开的一种自动控制元件。它的结构主要由电磁线圈、铁芯和触头组成。如图 5-11 所示。

交流接触器电路分为主回路和控制电路两部分。通常把负载电源供电回路叫主回路,而把线圈通断控制回路叫控制回路。空调器的主回路包括电动机、电加热器、电加湿器等供电电路。控制回路则有过电压、过电流、欠电压、超温保护、三分钟延时、压力保护等电路。

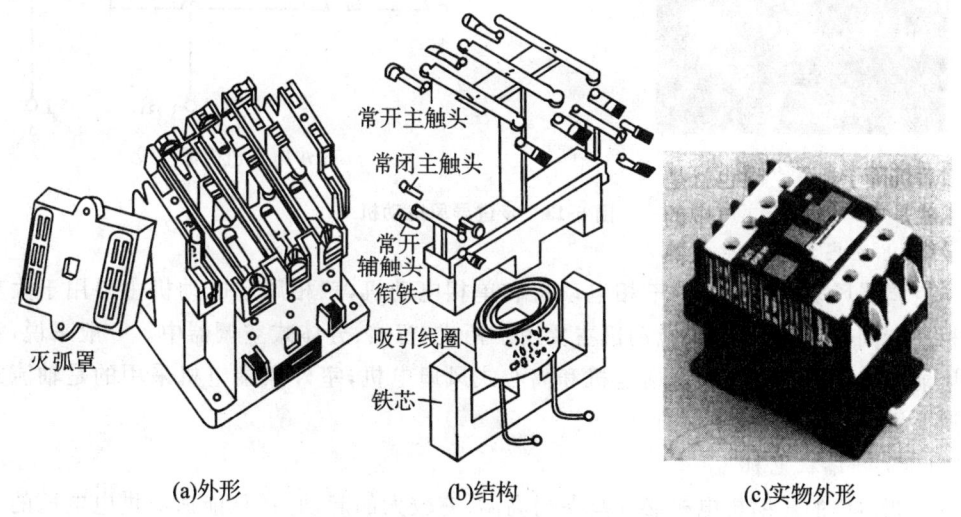

图 5-11 接触器外形、结构及实物图

（三）负离子发生器

负离子的作用被医学界确认,具有杀菌及净化空气的作用。负离子发生器在工作时,其束状的碳纤维化合物会产生高电压,产生大量的负离子。其构造如图 5-12 所示。负离子发生器的工作电压为交流 220 V。

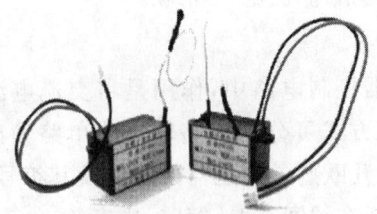

图 5-12　负离子发生器构造及实物图

（四）导风电动机

导风电动机又称摆叶电动机，它来回摆动可将室内风机吹出的冷风自动导向，实现大角度多方位送风。导风电动机分为永磁同步电动机和脉冲步进电动机两种。脉冲步进电动机主要用于控制分体壁挂式空调的风栅，使风向能自动循环控制，使气流分布均匀。永磁同步电动机主要用于窗式空调器与柜式空调器的导风板导向，使空调器能够上下、左右送风，其工作电压为交流 220 V/50 Hz。步进导风电动机如图 5-13 所示。

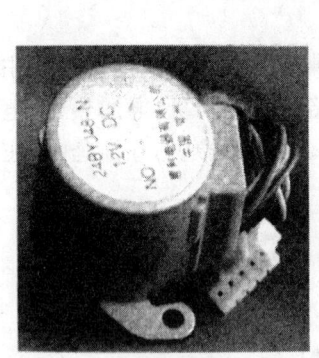
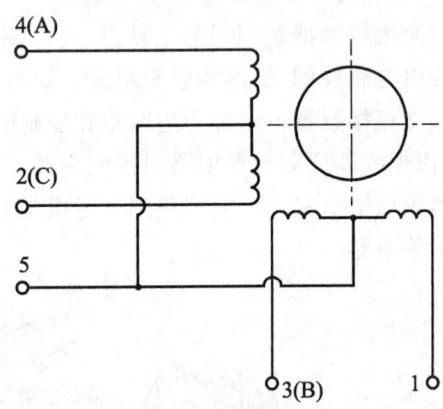

(a) 实物外形　　　　　　　　　　(b) 电动机内部接线

图 5-13　步进导风电动机

（五）室内外风扇电动机

空调器风扇电动机分为三相电动机和单相电动机，三相风扇电动机主要用于大功率柜式空调器中，单相风扇电动机主要用于柜式、窗式、分体式空调器中。一般来说，室内风扇风机主要有贯流式风扇电机和离心式风扇电机，室外风扇电机采用的是轴流式风扇电机。

（六）压缩机电机

空调器中的压缩机电机必须具备耐高温、有较大的起动力矩、能适应供电电压的波动、耐冲击和振动、耐制冷剂和油的侵蚀等性能。常用的压缩机电机有单相异步电机和异步变频调速电机等，压缩机与电动机一同装在一个壳体内，组成全封闭式压缩机。其外形如图 5-14 所示。

图 5-14　空调器压缩机

(1) 单相异步电机。空调器压缩机用的单相异步电机结构与电冰箱压缩机用的电机基本相同。家用空调器压缩机电机多采用电容运行式(PSC)。电机从起动到正常运转的全过程中，副绕组电路中始终都串接一只电容。这样电机运行性能好，效率和功率因数都较高，工作可靠，但起动转矩小，空载电流大。若瞬时断电再起动时，间隔时间太短，可能会过载，因而必须有过流保护装置。

空调器一般都采用全封闭式压缩机，即将压缩机和电机组装在同一个封闭的泵壳体内。这种电机直接暴露在高温高压的制冷剂蒸气和冷冻油的混合物中，易受到制冷剂、冷冻油及其杂质的分解产物的腐蚀；而且在制冷循环过程中，电机一直处在振动及制冷剂蒸气剧烈冲击下(冷热交替冲击和压力波动冲击)，因而电机在电气方面和化学稳定性方面必须可靠。

(2) 变频调速异步电机。若能根据房间空调器负荷的大小平滑地调节压缩机电机的转速，从而调节制冷(或制热)量的大小，则能降低能耗，提高效率，使电源电压稳定，室内温度波动减小。变频调速可以实现平滑调速，而且调速范围宽，效率高，反应快，起动电流小，对电网影响小，舒适性能好，是一种节能型的理想调速方法。尤其是热泵型空调器，可以通过调频调速来控制热泵制热量的大小，不必受到室外气温的限制，因而大大提高其供暖能力。异步电机采用变频器实现变频调速，其基本结构如图 5-15 所示。

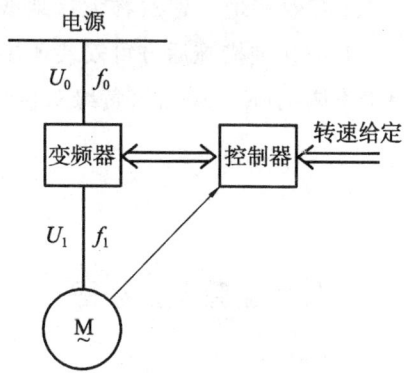

图 5-15　变频调速示意图

变频器分为直接(交－交)变频和间接(交－直－交)变频两大类。交－交变频器能将恒压恒频的交流电直接变换成电压和频率都可以控制的交流电。而交－直－交变频器则是先用逆变器将工频交流电变成直流电,然后再经过逆变器将直流电变成频率和电压都可以控制的交流电。压缩机的电机的变频调速通常用交—直—交变频器。

空调器电气安装应注意问题:

① 使用电源。空调器所用电源一般应为频率50 Hz、电压在额定电压值的90%~110%范围以内的单相220 V或三相380 V交流电源。用户应具备与待装空调器铭牌标示一致的合格电源,如电表容量足够、接地可靠、便于安装等。

② 电磁干扰。空调器的室外机安装位置应远离强烈电磁干扰源,室内机的安装应尽可能地避开诸如电视机、音响等电气器具以防电磁干扰。其距离应符合使用说明书的规定。

③ 在湿热环境、雷电较频繁地区、位置较高或空旷场地的独立建筑物上安装空调器时,若周围无防雷设施,则应考虑防雷措施。

④ 空调器的电气连接应采用专业分支电路,其容量应大于空调器最大额定电流值的1.5~1.8倍,其接户电线和进户电线的线径(横截面积)应按用户使用电量的最大值选取。

⑤ 电源线路应安装漏电保护器或空气开关等保护装置,空调器与房间内布线应可靠地连接,不可随意更改电源线及其末端。

⑥ 空调器的室内、室外电气连接线应不受拉伸和扭曲应力的影响,不应随意改变接线长度。如果必须加长或改变,应采用符合要求的导线。

⑦ 电源插座应为带地线的三线插孔插座,其结构应与待装空调器电源插头相匹配。电源插座容量至少为空调器额定电流的2倍,并应靠近空调器随机电源插头所及之处。为安全起见柜机最好用空气开关。1~2匹分体壁挂式空调应选择10 A插座,2~5匹柜机应选择20 A空气开关。

⑧ 空调器的安装应有良好的接地,接地线与接地端子或接地终端必须紧固连接和妥善锁紧或焊接为一体,以保证有效接地。建筑物无接地线时,安装人员有权拒绝安装,或与用户协商采取正确、有效的接地措施后方可安装。接地端子或接地触点与可触及空调器金属外壳之间应是低电阻的($R \leqslant 10\ \Omega$),黄绿双色线只能用于接地线,不可移作他用。

项目实施

识读空调器接线图

一、工作准备

准备空调器实物及接线图。

(1) 电气电路图是使用强电(220 VAC或380 VAC的电压)设备的电路图。其特点是电路中所使用的电压为交流电压,而电压很高。电气电路图与微电脑板的电子电路图有较大不同。

(2) 电子电路图在电子技术中简称电路图。电子电路图用来表示实际电子电路的组成、结构、元器件标称值等信息。

空调器随机粘贴的接线图多为电气电路图,如图5-16为某品牌定速空调器的电气原理电路图。

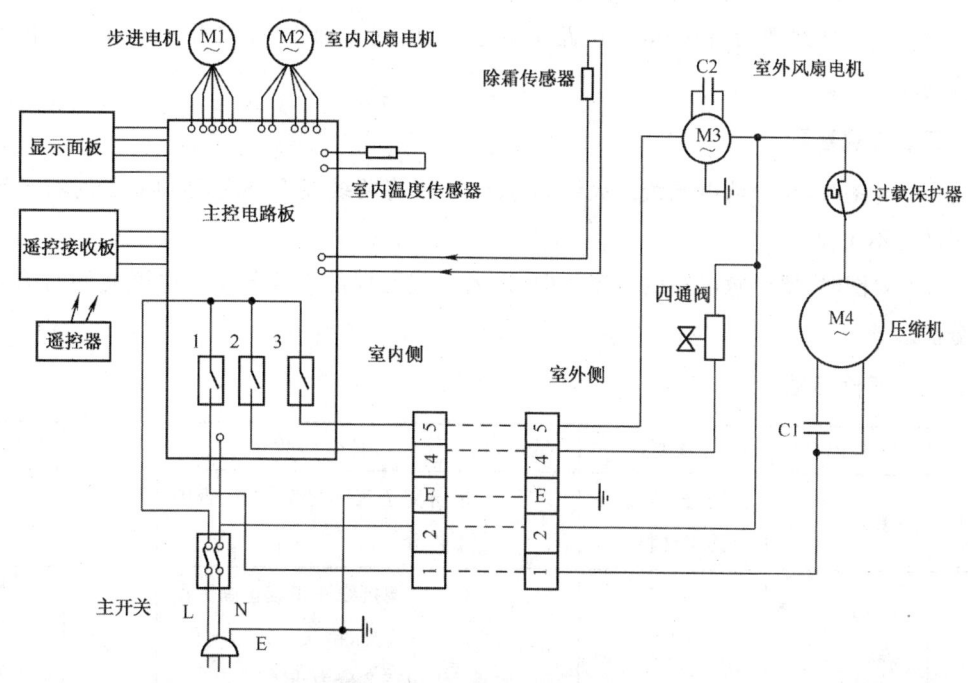

图 5-16 空调器电气原理电路图

室外机一般粘贴在上盖内部或接线盒盖内部,便于电气接线。接线图一般标明接线排序号、连接导线颜色代号(英文缩写)、线排插代号、所接设备图形及名称等。表5-1所示为一般常用导线颜色代号。

表 5-1 电路图中导线颜色代号与意义

代号	英文名称	颜色	代号	英文名称	颜色
R	Red	红	BR	Brown	棕
W	White	白	SK	Skyblue	天蓝
B	Black	黑	G	Green	绿
BL	Blue	蓝	Y	Yellow	黄
GR	Gray	灰	V	Violet	紫
OR	Orange	橙	G&Y	Green/Yellow	绿/黄

识读前先找到空调器的接线图,并打开室内机接线盒和室外机接线盒及上盖。

二、工作程序

(一) 识读接线图

根据接线图上标示的图形符号,确认电气零部件,根据接线排序号及标注的接线色确认接线,看清楚接线的始端与末端。

(二) 在线路板上找到电子、电气零部件

读懂电气接线图后,根据电气电路上的电子、电气零部件,在打开的空调器上找到相应的零部件。

三、注意事项

(1) 看图时,要分清电源线的火线和零线,不可将两线混为一谈,否则接线时将导致电气部件不工作。

(2) 看图时,要注意电路的电流方向,进入电气元件的接线与出自电气元件的接线要分清。

四、评价标准

序号	考核内容	考核要点	配分	评分标准	扣分	得分
1	器具准备	按要求准备好工具与材料	1.5	准备完全正确得1.5分,否则不得分		
2	识读空调器接线图	正确识读空调器接线图	5	(1) 空调接线图识读正确无误得2分,错误一处扣1分,扣完2分为止 (2) 根据电气电路上的零部件找到空调器相应零部件得3分,错误一处扣0.5分,扣完3分为止		
3	能正确回答老师提出的问题	正确复述操作注意事项	2	复述关键点一项错误扣0.5分,扣完2分为止		
4	安全操作	按照安全要求进行操作	1	能够按照安全操作规定进行操作得1分,否则不得分		
5	善后工作	按要求清理工作现场	0.5	善后处理及时,否则不得分		
	合计		10			

项目二　家用空调器电气配线方法

学习目标
掌握家用空调器电源线的配线方法。

知识平台

空调器电源线

空调器使用的单相电源为 220 V/50 Hz，其起动电流比较大，一般为正常工作时额定电路的 5~7 倍。如果电源线过长或电源线径不够大，将会导致起动时的电压降过大，而使压缩机电机不能正常起动，从而使空调器不能正常工作。

（一）电缆线的规格要求

（1）对于运行电流低于 12 A 的空调器，要求采用 2.5 mm^2 铜芯线，并且要求专线连接，地线分明，应符合国标 GB4716.32 的有关要求。

（2）对于运行电流超过 12 A 以上的空调器，要求采用 4 mm^2 以上的铜芯线。

（二）电缆线的配线原则

（1）空调器应采用专线供电，电源线应符合要求。

（2）空调器电源线引线截面大小选用值应以空调额定电流大小为依据，不能随意选用，更不能使用旧导线代替。

（3）变频空调器的信号线，尽量使用中间无接头的电线。

知识拓展

空调器常用线路规格

空调器的电源线和电气控制线及其连接应符合有关国家标准要求，其互连线和控制电缆线的接线盒接线端子应有清晰明亮的对应标识（可用颜色、字符或结构等进行标识）。电缆电源线与控制线相互间不应交叉、缠绕。常用线路规格要求见表 5-2。

表 5-2　空调器常用线路规格

机型规格	室内外机组连接线	电源线
1HP	300 V/500 V　1.5 mm^2	10 A　1.5 mm^2
1.5HP	300 V/500 V　1.5 mm^2	10 A　1.5 mm^2
2HP	300 V/500 V　1.5 mm^2	16 A　1.5 mm^2
3HP（单相）	300 V/500 V　2.5 mm^2	300 V/500 V　6.0 mm^2
3HP（三相）	300 V/500 V　2.5 mm^2	300 V/500 V　2.5 mm^2
5HP（三相）	300 V/500 V　4.0 mm^2	300 V/500 V　4.0 mm^2

项目实施

根据空调器铭牌进行电气配线

一、工作准备

准备空调器铭牌,如表 5-3 所示为某品牌空调器的铭牌。

表 5-3 某品牌空调器铭牌

SOUREC(电源) 220 V 1—PHASE(单相)～50 Hz

OPERATNG MODE(运转状态)		COOLING(制冷)		HEATING(制热)	
CAPACITY(能力)	W	3 500		4 800	
AIR CIRCULATION(循环风量)	m³/h	585		585	
RATING INPUT(额定输入功率)	W	1 180	室内:DB27°C WB19°C	1 370	室内:DB20°C WB15°C
RATING Amps(额定电流)	A	6.0	室外:DB35°C WB24°C	6.9	室外:DB7°C WB6°C
MAX. INPUT(最大输入功能)	W	1 420	室内:DB32°C WB23°C	2 050	室内:DB27°C
MAX. Amps.(最大输入电流)	A	7.9	室外:DB43°C WB26°C	11.3	室外:DB24°C WB18°C
MAX. PRESSURE (最高工作压力)	冷侧 MPa	2.1			
	热侧 MPa	2.1			
OPERA TING SOUND(噪音)	dB(A)	室内:35	室外:43	室内:37	室外:44

二、工作程序

(一)根据铭牌标识匹配电源空气开关

按国家标准规定,空气开关通过的电流是电器的 1.5～2 倍。表 5-4 为某品牌空调器的各机型匹配空气开关的表格,表内机型额定电流偏差为 1～2 A 的,对选用空气开关影响不大。若因产品改进等因素,机器的额定电流应以机器铭牌上标注为准,并以此为依据来选择合适的空气开关。

根据铭牌标准应选择其制热时额定电流大(比制冷时大)为参考,其电流为 6.9 A,根据表 5-4 所示应选择不低于 16 A 的空气开关。

表 5-4 某品牌空调器 2 匹及 2 匹以上匹配空气开关一览表

空调型号	额定电流	匹配空气开关
KFR—41LW	6.8 A	16 A
KFR—46LW	8 A	16 A
KFR—51LW	9.5 A	16 A
KFR—61LW	12 A	20 A
KFR—70LW(KFR—72LW)	13.5 A	25 A
KFR—75W	14.5 A	25 A
KFR—70LW/S	4.2 A(三相)	10 A(三相)

续表

空调型号	额定电流	匹配空气开关
KFR－72LW/S	4.4 A(三相)	10 A(三相)
KFR－75LW/S	5 A(三相)	10 A(三相)
KFR－120LW	8.3 A(三相)	16 A(三相)

（二）确定导线截面积

电源线的选择尽可能使用铜芯线，避免使用铝芯线。导线的截面积是根据额定电流参数来选择的。表5-5为空调器最小电源线径的配置表。根据铭牌中制热时额定电流为6.9 A，电源线应选用截面积为1.5 mm² 的铜导线。

表5-5　空调器最小电源线径的配置表

空调器定额电流/A	塑料绝缘导线截面积(mm²)	
	铜芯	铝芯
≤6	1	2.5
6—10	1.5	2.5
10—16	2.5	4
16—25	4	6
25—35	6	10

三、评价标准

序号	考核内容	考核要点	配分	评分标准	扣分	得分
1	器具准备	按要求准备好工具与材料	1.5	准备完全正确得1.5分，否则不得分		
2	空调器配线	根据空调器铭牌正确配线	5	(1) 根据铭牌选配空气开关正确无误得2分，错误不得分 (2) 导线截面选择合适得3分，否则，该项不得分		
3	能正确回答老师提出的问题	正确复述操作注意事项	2	复述关键点一项错误扣0.5分，扣完2分为止		
4	安全操作	按照安全要求进行操作	1	能够按照安全操作规定进行操作得1分，否则不得分		
5	善后工作	按要求清理工作现场	0.5	善后处理及时，否则不得分		
合计			10			

单元六　电气系统维修

项目一　空调器常用电气零部件的检测

学习目标

1. 掌握空调器常用电子、电气零部件的作用；
2. 掌握空调器常用电子、电气零部件的检测方法；
3. 掌握电子、电气零部件的更换方法。

知识平台

一、压缩机过载保护器

（一）结构与工作原理

过载保护器分为内置式和外置式两种。内置式过载保护器置于压缩机内部，能直接感受压缩机绕组的温度，检测灵敏度高，但烧坏后维修不便。外置式过载保护器的结构如图 6-1 所示。通常安装在压缩机接线盒内，开口端紧靠压缩机机壳上，能感受机壳温度。此外，热元件 4 与电路串联，热元件的温度会随电流的变化而变化。当电源接通时，如果电机不能正常运转，输出的电流大时，热元件会因电流过大而升温，双金属片辐射热量使之上翘，从而将动触点 2 从静触点 3 上拉开，切断电路，起到保护作用。压缩机机壳升温也同样能使双金属片起同样的作用。

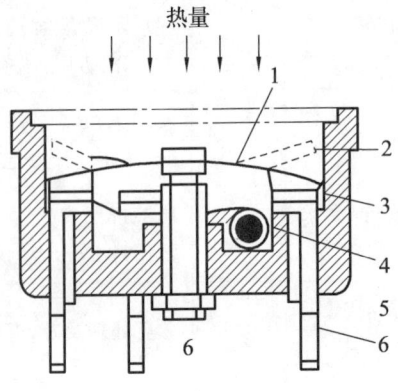

图 6-1　外置式过载保护器内部结构图
1—双金属片；2—动触点；3—静触点；
4—热元件；5—接线端子；6—调节螺钉

（二）在空调器中的作用

过载保护器的在空调器起动运行中，对压缩机起到过热、过载保护作用，防止压缩机因为使用环境温度过高、缺少制冷剂或润滑油长时间运转、压缩机电机及起动电路故障等情况下工作而烧坏。

（三）检测方法

在过载保护器没动作的情况下，用万用表的 R×1 挡，测量保护器的两个接线柱是导通的，阻值为零。若阻值为无穷大，则表明过载保护器已损坏。

二、电磁继电器

电磁继电器是由一个线圈、一组或几组带触点的簧片组成。常用字母 K 表示。

（一）工作原理

继电器动作是利用电磁原理，直流电压从电控板输出后，进入继电器线圈，通电线圈周围产生磁场，使铁芯在磁场的作用下动作，带动可动铁芯，从而带动可动触点动作，并与固定触点接触或断开，使电路接通或断开。

（二）在空调器中的作用

在空调器中，主要用于室内、外分机的风速切换、四通阀的切换、负离子发生器及同步电机的起动与停止等。一个电路中可以有多个继电器，目前空调器中最常见的多以线圈直流电压 12 V、24 V 型号。

（三）检测方法

（1）用万用表测量线圈间的阻值（一般为 150～180 Ω），若阻值为无穷大，则表示该继电器线圈断路。

（2）继电器表面 2 个常开接点正常情况下是不通的，如在未通电的情况下导通，则表明该继电器触点粘连，应进行更换。

（3）空调器中常用的继电器工作电压一般为 12 V，如电脑板在接收到运转信号后，继电器不吸合，则可检测继电器线圈两端是否有工作电压，如无，则应更换电脑板，若有则应更换继电器。

三、温度控制器

（一）分类及工作原理

温度控制器（简称温控器），依据其结构可分为压力式和非压力式两大类。采用压力作用的温控器有波纹管式、膜盒式温控器。压力式控制器多用于窗式空调器中；非压力式的温控器有电子温控器。电子温控的传感器感受温度变化引起阻值变化，使温控电路输出电压变化信号。

（1）波纹管式温控器。窗式空调器上多采用这种温控器。这是一种压力式温控器，其外形和结构如图 6-2 所示。感温包、毛细管和波纹管中充有感温剂。感温包置于空调器回风口，能直接感受室内温度。当室内温度发生变化时，波纹管伸长或缩短，通过杠杆结构控制微动开关的开、关，进而控制压缩机的转、停，使室温保持在一定范围内。

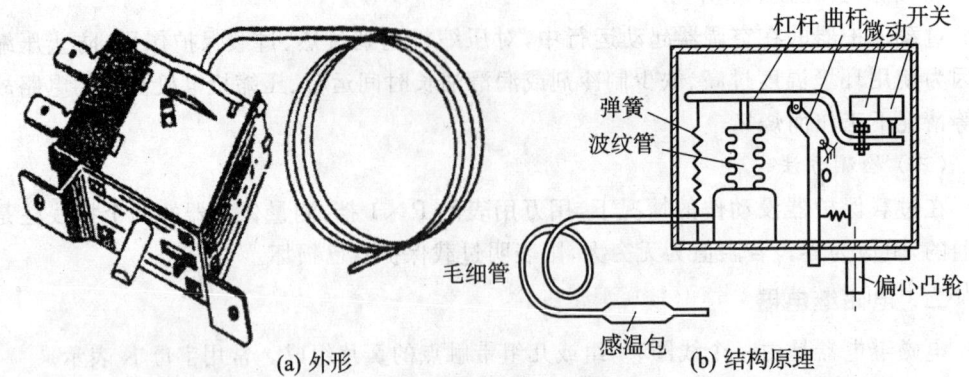

图 6-2 波纹管式温控器

(2) 膜盒式温控器。膜盒式温控器的结构如图 6-3 所示，膜盒式与波纹管式温控器的结构类似，作用原理相同，只是把波纹管改为膜盒。

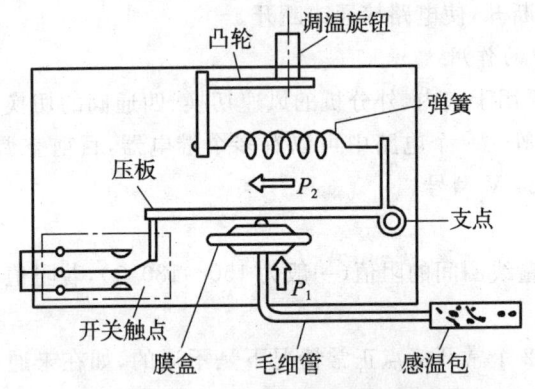

图 6-3 膜盒式温控器结构图

(3) 电子式温控器。这种温控器通常以具有负温度系数的热敏电阻作为感温元件，并与集成电路配合使用。为了提高温控器的灵敏度，常将热敏电阻接在电桥电路中，作为电桥的一个臂，如图 6-4 所示。图 6-4 中 R_t 为热敏电阻，其他电阻为定值电阻，J 为继电器。其工作原理与电冰箱上用的电子式温控器相同。

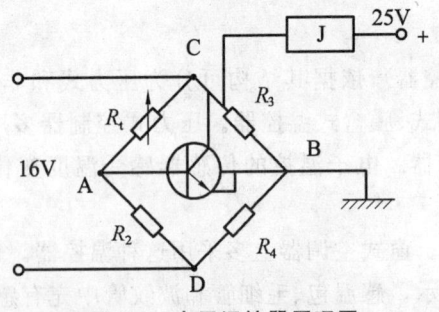

图 6-4 电子温控器原理图

(二) 在空调器中的作用

空调器中的温度控制器可对房间的温度进行自动控制，使空调器房间的温度保持在某一个范围内。采用电子温控的定速分体式空调器，当温控器的传感器感受到回风口的温度(即室内温度)变化时,会产生电压信号传给主控板的微电脑,微电脑感受到回风温度比设定温度制冷时低1℃(或制热时高1℃),会让压缩机停机;当室内温度比设定温度制冷时高1℃(或制热低1℃),会让压缩机起动制冷(或制热),较精确地控制室内温度。

(三)检测方法

压力式温度控制器由于其控温响应误差较大,在夏天制冷运行时,将温控器旋钮调至强冷,用万用表欧姆挡测量两触点电阻应为零,若为无穷大则为开路状态,可能温控器感温管内工质泄漏所致或触点烧毁。

电子式温控器,主要用万用表测量在环境温度下的电阻值,然后对该型号传感器在此环境温度下的电阻值比较,若差别较大,则为传感器故障,可用替换法测试,效果较好。

四、压力控制器

(一)分类及工作原理

压力控制器又称压力继电器或压力开关。有高压控制器和低压控制器两种,也有将高、低压控制器组装在一起的,设定分为高限和低限。它的控制原理是:低压断开值就是上限—下限的压差值,重新开机值是上限值。低压控制器是自动复位,所以要求操作人员经常观察机器的运行情况,出现报警时要及时处理,避免压缩机长时间频繁启停而影响寿命。

(1)波纹管式压力控制器。KD型高低压控制器就是一种传统的波纹管式压力控制器,其工作原理如图6-5所示。高压气态制冷剂和低压气态剂通过连接管道,分别进入压力控制器的高、低压气室,使波纹管对传动机构产生一定的作用力,这个作用力与传动机构弹簧弹力相平衡。当压缩机排气侧的压力过高或吸气侧压力过低时,都会打破上述平衡状态,使开关触头动作,切断压缩机电源。转动压力调节盘,可以调整弹簧的弹力,从而可以调节压力的控制值。

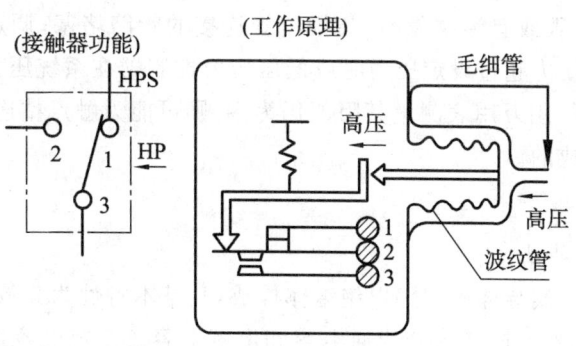

图 6-5 KD型压力控制器

(2)薄壳式压力控制器。薄壳式压力控制器的性能优于波纹管式压力控制器,其外形与工作原理如图6-6所示。进入压力控制器压力室的气态制冷剂压力超过限值时,薄壳状膜片就会产生一定的位移,从而推动传动杆,使开关触头闭合或断开。膜片式压力控制器出厂时,已将控制压力固定在某个值,这种压力控制器既可用于过压保护,也可作为防泄漏保护。

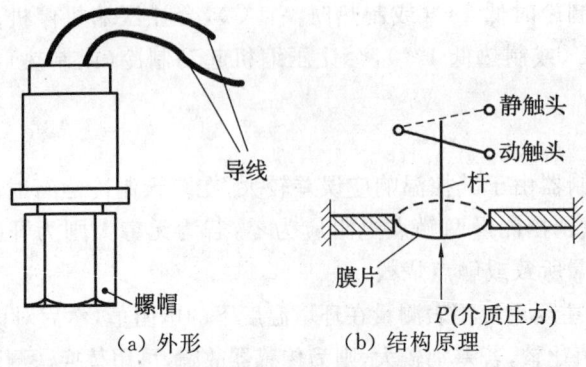

图 6-6 膜片式压力控制器

（二）在空调器中的作用

在空调器制冷系统中高低压力控制器是起保护作用的装置。高压保护是上限保护，当高压压力即压缩机排气压力达到设定值（一般高于 2.2 MPa）时，高压控制器断开，使压缩机接触器线圈释放，压缩机停止工作，作用是防止系统中制冷剂过多和冷凝器散热不良而损坏压缩机或爆裂管道。高压保护是手动复位，当压缩机要再次起动时，需先按下复位按钮。当然，在重新起动压缩机前，应先检查出造成高压过高的原因，给予排除后，才能使机器运转正常。低压保护是为了避免制冷系统在过低压力下运行而设置的保护装置。低压保护检测的作用是防止系统中没有制冷剂运行而损坏压缩机或压力过低导致蒸发压力过低而使蒸发器结霜。膜片式压力控制器由于其控制压力固定，结构简单、体积小、价格低、安装选用方便，被广泛应用于空调器制冷系统高低压保护。

（三）检测方法

压力控制器的检测方法比较简单，高压压力控制器在系统压力未达到其设定压力时，用万用表欧姆挡测量其触点间阻值为零，即为通路。否则即为触头不能闭合。其原因很多，如触头被烧毁或有污物隔绝；与排气管连接的管路堵塞；调定压力不当等。当高压控制器在系统压力超过设定压力时或低压压力控制器在系统压力低于其设定压力值时，触点不能断开，用万用表测量其阻值仍为零，则可能为触点粘连、波纹管漏气或连接管漏气等原因造成的。

五、电容器

（一）电容器的特性

电容器由两块金属导体中间隔以绝缘体构成，其基本特性为充放电特性、隔直通交特性、储能特性。电容器按结构分普通电容和电解电容。固定电容器根据介质不同分为云母电容器、油介电容器、电解电容器等。电容器的重要参数有容量和耐压值。

（二）在空调器中的作用

（1）电机的起动电容通常使用金属化纸介电容器，电容器的充放电作用能供给电机额外的电功率与转矩。普遍应用于空调的风扇电机和压缩机。

（2）用于空调器延时电路。电容器充放电的快慢与其电阻 R、电容 C 的乘积大小有关。RC越小,充电过程越快,RC越大,充放电越慢。

(3) 在空调器电子电路中,根据"通交隔直"的特性,用于滤波和抗干扰。

(三)漏电检测方法

(1) 小容量电容器如果轻微漏电,很难用万用表检测其漏电故障,可用同型号电容器替换判别。

(2) 除电解电容外,其他电容器的阻值都为几十兆欧以上,如果用万用表检测到其电阻只有几欧姆,则表明电容器漏电。

(3) 大容量电解电容器,可用万用表高阻挡测量,即用表笔接触电容器两个引脚时,若表针跳动一下,然后又慢慢回到阻值无穷大的方向,则表示该电容器正常;若表针摆动范围小,则表示电容量小;若表针摆动后回到某阻值处停止不动,则表示该电容器漏电。

(4) 击穿短路检测。用万用表 R×100 Ω 挡测量电容器两个引脚,电阻为0,则电容器已被击穿。

知识拓展

(一)温度传感器的检测

温度传感器主要采用负温度系数的热敏电阻,当温度升高时,其阻值减小;当温度减低时,其阻值增大。

空调器室内机常见的温度传感器有室温传感器和管温传感器。室外机常见的有排气温度传感器、除霜传感器等。

温度传感器容易出现的故障有:开路、短路及阻值不随温度变化等。可用万用表直接测量阻值,然后根据传感器温度阻值表对照比较来判断好坏。如表 6-1 所示。

表 6-1 某品牌空调室温传感器的阻值对照表

温度/℃	电阻/Ω	温度/℃	电阻/Ω	温度/℃	电阻/Ω
-6	46.44	10	20.36	26	9.557
-4	41.72	12	18.45	28	8.734
-2	37.53	14	16.74	30	7.990
0	33.80	15	15.21	32	7.31
2	30.47	18	13.83	34	6.70
4	27.50	20	12.59	35	6.15
5	24.85	22	11.47	38	5.64
8	22.48	24	10.47	40	5.19

(二)液晶显示器

液晶显示器多用于新型的空调器。其上、下两面是防振光板,液晶灌注在两块平板玻璃封装的盒中,上玻璃片内侧有表示数字与符号节段笔画的透明电极;下玻璃片内侧有用二氧化铟(或氧化锌)制作的电极,它的功能是使外界的电场能通过它来控制液晶分子的排列,这些电极再通过导电橡胶与集成电路相应端子相连接。当没有电场时,液晶不显示数字而呈透明状态,呈自然光。当集成电路把需要显示的数字信号加到液晶显示器的节段电极上时,由于液晶对电场、电压的敏感反应,电极对应位置的液晶变成暗黑色,从而使数据信息显示出来。在液晶显示器中,导电橡胶是一种连接器件,用于连接 CMOS 电路的基板和液晶显示器。导电橡胶上用于对应连接的电极数很多,而且要与相关元器件可靠接触对位,才能正确传递所要显示的数字信息。

电子、电气零部件的检测更换

一、工作准备

(一) 测量仪器仪表的准备

调压器、万用表、兆欧表、常用电工工具。

(二) 电气零部件的准备

空调器常用电气控制元件、空调器微电脑控制板、窗式空调器、分体壁挂式空调器、柜式空调器。

二、操作步骤

步骤1:仪器仪表的调试

维修操作前,对所用万用表进行机械调零和电阻调零,对兆欧表进行开路及短路测试,确认仪器仪表测量处于正常使用状态,防止因仪表自身问题给检测带来误判断。

步骤2:电路的检查

(1) 空调器电路的分类。空调器的电路形式多样,进口与国产空调器在电路绘制和符号表示上不尽相同,但也有共同的特点。为便于分析,通常可把电路划分为以下几类。

① 按供电电源可分为单相供电电源电路和三相供电电源电路。三相供电电源电路又包括三相三线制和三相四线制两种形式。

② 按控制方式可分为机械开关式强电控制电路、微电脑遥控控制电路和变频控制电路。

③ 按控制功能分单冷型控制电路、电热型控制电路、热泵型控制电路和热泵辅助电热型控制电路。

(2) 供电电源的检测。在对电气零部件检测前,应对供电电源进行必要检测,以防供电电源故障,引起电气零部件工作异常或不工作。空调器一般要求供电电压值在额定电压的±10%之内,用万用表即可进行测量。在检测电源时还须检查电源熔断器是否符合要求。电源熔断器一般按空调器额定电流的1.5~2.5倍作为熔断器的额定电流。

(3) 电路图与电器实物对照检查。读懂电路图是进行电气零部件检测的前提,在看懂电路图的基础上,可根据电路图中列出的元器件与电器实物对应,弄清电器元件的端子号以及它们之间的接线关系,然后对电气零部件进行检测。

步骤3:电气零部件的测量鉴别

电气零部件中除压缩机的过载保护器和电容器之外,电气控制系统中还有许多控制、保护和执行部分,如主控选择开关、温度控制器、高低压压力控制器、电加热器和交流接触器等,当系统工作不正常或长期老化后,会产生故障。在检测时有时采取置换法,即用一只良好的同型号同规格的器件替换原来的,可以方便地鉴别元器件的好坏。如果不易替换,可用仪表测量与其正常的参数比较来鉴别,确认故障后进行更换。以下列举几个典型电气控制元件检测实例。

(1)选择开关的检测:

① 转动旋钮,检查转动部位有无卡阻。

② 将旋钮置于各个挡位,用万用表 R×1 Ω 挡测量各对触点的通断情况,导通状态下电阻值为零,不导通状态则为无穷大。

③ 根据测量结果判断选择开关是否正常。

(2)风扇电动机的检测:

① 将万用表调至 R×100 Ω 挡。分别测量电动机各端子之间阻值。

② 根据测量的电阻值,绘制出风扇电动机接线图,区分风扇电动机主绕组和副绕组及多速电机的高低速接线端,并判断是否符合正常电机各绕组之间的阻值关系。

③ 用兆欧表检测电机的绝缘电阻是否符合大于 2 MΩ 的使用要求。

(3)三端稳压器的检测:

① 通电时测三端稳压器的直流输出电压是否与标称值相同,如输出电压过高或过低,说明三端稳压器损坏。

② 将万用表转换开关置于 R×1 kΩ 挡,测量三端稳压器各管脚之间的电阻值,对于 7800 系列三端稳压器各管脚之间电阻值如表 6-2 所示。

表 6-2 测量 7800 系列三端稳压器的电阻值

黑表笔所接引脚	红表笔所接引脚	正常阻值/千欧	不正常电阻值
VI	VO	28~50	0 或 ∞
VO	VI	4.5~5.5	0 或 ∞
GND	VO	2.3~6.9	0 或 ∞
GND	VI	4~6.2	0 或 ∞
VO	GND	2.5~15	0 或 ∞
VI	GND	23~46	0 或 ∞

注:VI(V_{IN})表示输入端,VO(V_{OUT})表示输出端。

步骤4:更换电气零部件

将经检测有故障的电气零部件从空调器上取下,把同型号的新电气零部件更换到空调器上,并进行检测确认。

三、注意事项

（1）检测元件和分析控制关系之前,应切断电源,切不可带电检测和拨动端子。

（2）用万用表测量通断时,应使转换开关拨至欧姆挡,断电测量;用万用表测量电压时,表笔切勿碰到别的电器,以免短路。

（3）检测电容器时注意充放电。

（4）要反复确认接线无误,并且各元件为正常状态时,方可接通电源进行试运转。

（5）牢记安全用电规程,不可麻痹大意。

四、评价标准

序号	考核内容	考核要点	配分	评分标准	扣分	得分
1	器具准备	按要求准备好工具与材料	1.5	准备完全正确得1.5分,否则不得分		
2	更换电子、电气零部件	正确更换电子、电气零部件	5	（1）万用表、钳形电流表等仪表使用正确无误得1分,忘记调零扣0.5分,挡位选择错误扣0.5分 （2）电路判断正确得1分,否则该项不得分 （3）电气元件判断正确无误得2分,每错误一处扣1分,扣完2分为止 （4）更换电气零部件并检测确认无误得1分,否则该项不得分		
3	能正确回答老师提出的问题	正确复述操作注意事项	2	复述关键点一项错误扣0.5分,扣完2分为止		
4	安全操作	按照安全要求进行操作	1	能够按照安全操作规定进行操作得1分,否则不得分		
5	善后工作	按要求清理工作现场	0.5	善后处理及时,否则不得分		
	合计		10			

项目二　空调器常见的电气故障的检修

1. 掌握定速空调器常用故障现象及故障分析；
2. 掌握定速空调器常见故障的检修方法；
3. 了解变频空调器常用故障的检测程序。

一、常见故障现象

定速空调器常见的电气故障现象主要有如下几种情况：通电后，空调器不起动；压缩机和风机不能正常运转；空调器运行时启、停频繁；热泵型空调器冬、夏两季不能正常转换制冷；电加热型空调器不制热；室内机运转，但压缩机不运转，而且空调器上的故障灯闪烁等。

二、常见故障分析及维修方法

空调器的电气故障往往涉及制冷系统和通风系统，故在检修时应联系起来综合分析，可以使检修少走弯路。检修的原则是先电源后负载；先强电后弱电；先室内后室外；先两端后中间；先易后难。针对各种常见故障现象，按照上述原则逐一分析。

（1）通电后空调器不起动，分两种情况：一种是通电后无反应，一般故障处在电源部分，如电源保险丝熔断、电源变压器开路、主控板故障等。另一种是通电后不起动，漏电保护跳闸。这种故障一般由压缩机绕组对地短路；空调电源电压过低、波动不稳；压缩机运转电容失效；空调器电源控制电路及部件短路或漏电等原因造成。

维修方法：首先检测空调器电源线路和空气开关无故障。将室外机与室内机连接线断开，单独试室内机部分。如可以开机，无跳闸现象，并在制冷状态下用遥控器可以正常控制室内风机风量风速；经检测内外机连接线的接线端子，压缩机、外风机接线端子电压正常，确认室内机无故障。说明室外机有短路过载可能性，或压机起动电容不正常。更换电容器试机，若故障依旧，则应重点检查压缩机电机绕组。若压缩机绕组有短路现象，则应更换压缩机加以解决。

（2）压缩机和风机不能正常运转的故障原因，除了电源失电外，主要有：电源电压过低，电动机起动困难，使过载保护器跳开切断电源电路；电气控制电路内部断线和各种选择开关内部损坏及接触不良；压缩机和风机自身电气或机械故障。

维修方法：首先断开压缩机或风机接线端，测量是否有220 V交流电源及电压值是否超出±10%，若不正常则重点检查电源及控制电源的电器开关等，并对存在故障的电器进行调整或更换。若电源电压正常，则重点检查压缩机及风机的电机绕组等，确认后更换相应部件。

（3）空调器运行时启、停频繁的主要原因是：机械温控器的感温包安装位置离蒸发器太近；过载保护器的双金属片接触不良造成供电电路时断时通；电源电压低而不稳定导致压缩机运行过载等。

维修方法：确认故障的什么原因是关键。首先开机分别用万用表、钳形电流表测量压缩机电压、运转电流，看电压是否正常，电流是否低于或等于额定电流。根据检查结果，排除故障现象。若空调器采用机械温控器，应检查感温包的安装位置是否恰当，可进行调整位置或在感温管上套塑料管调试。

（4）热泵型空调器冬、夏两季不能正常转换制冷。热泵空调器冬夏两季的制冷、制热转换由四通换向阀来转换，因此应重点检查四通换向阀。其故障原因主要有：四通换向阀接线端无电压，可能是控制四通换向阀的继电器触点表面氧化或烧蚀而引起接触不良；电磁阀的电磁线圈烧断或损坏；电磁阀内阀芯卡住或损坏，换向阀不能换向等。

维修方法：制热运行时测量四通阀接线端是否有 220 V 交流电压，若无应检查主控板或电源线；若有交流电压，断电后，用万用表欧姆挡测量四通换向阀线圈阻值，确认线圈是否烧断或损坏，若线圈正常则为电磁阀机械卡阻或损坏。

（5）电加热型空调器不制热。其主要原因有电热丝烧断、加热保护器起跳或保险丝烧断、控制电加热器的继电器的触点接触不良等。

维修方法：检查电热丝接线端是否有 220 V 交流电压，若无应检查主控制电路板，是否是继电器故障等，确认后更换有故障的继电器；若有电压，重点测量加热器及加热器保护器等，确认后更换故障零部件。

（6）室内风机运转，但压缩机不运转，而且空调器上的故障灯闪烁。其故障原因有：电源缺相或电压太低；压缩机电流过载，应主要检查压缩机泵壳上的热保护器是否起跳。一旦压缩机超载后电流过大，会使热保护器跳闸；高压（压力）开关损坏，当高压开关失灵后，其触点不能正常闭合，使电路无法正常接通；低压（压力）开关起跳：在制冷系统正常情况下，低压开关触点为常闭状态，当制冷系统内发生故障或制冷剂泄漏时，均会使系统内的压力下降到低压开关起跳点以下，当低压开关跳闸后便会自动切断电源电路。

维修方法：首先检查电源电压及运转电流是否正常，然后对高、低压控制开关进行检查，确认是制冷系统故障还是电气零部件故障，根据相应故障原因，消除故障。

知识拓展

快速检修电气故障的方法

检修时如能将室内与室外电路、主电路与控制电路故障区分开，就会使电路故障检修简单和具体化。

（一）判断室内与室外电路故障的方法

（1）对于有输入与输出信号线的空调器，可采用断开连接的方法来进行判断。如采用上述方法后空调器能恢复正常，说明故障在室外机；如故障没有消除，说明故障在室内机。

(2) 测量室外机接线端上有无交流或直流电压判断故障部位,如测量室外接线端子上有交流或直流电压,说明故障在室外机;如测量无交流或直流电压,说明故障在室内电路。

(3) 对功率较大的柜式空调器可通过观察室外接触器是否吸合,来判断故障部位。如接触器吸合,说明故障在室外机;如没有吸合,说明故障在室内机。

(4) 对于有故障显示的空调器可通过观察室内与室外故障代码来区分故障部位。

(5) 对于采用串行通讯的空调器电路,可用示波器测量信号线的波形来判断故障部位。

(6) 对于热泵型空调器不除霜或除霜频繁,则多为室外主控电路板故障。

(7) 有条件也可通过更换电路板来区分室外机故障。

(二) 判断控制电路与主电路故障的方法

(1) 对于压缩机频繁开停故障,可通过测量空调器负载电压与压缩机运行电流来判断故障部位。如压缩机运转电流过大,说明故障在主电路;如压缩机运转电流正常,说明故障在控制电路。

(2) 对于风机运转压缩机不起动故障,可通过观察室外交流接触器是否吸合来判定故障部位。如接触器吸合而压缩机不工作,说明故障在主电路;如接触器不吸合,说明故障在控制电路。对于变频空调,压缩机不起动,可通过检测功率模块来排除故障。

(3) 测量室内与室外保护元件是否正常,来判断故障区域。如测量保护元件正常,说明故障在控制电路;如测量保护元件损坏,说明故障在主电路。

(4) 对于压缩机不运转故障,还可通过强行按动接触器,观察压缩机是否能正常制冷判断。如按下接触器后压缩机能运转且制冷,说明故障在控制电路;如按下接触器压缩机过流或不起动,说明故障在主电路(变频压缩机不能采用此法)。

(5) 对于压缩机频繁起动故障,如压缩机外壳温度过高,多为主电路或压缩机本身故障。

(6) 对于变频空调来说,可以通过空调器的故障指示灯来进行判断,如 EEPROM、功率模块、通讯故障等。

(三) 判断电气保护与主控电路故障的方法

(1) 可通过检测室内外热敏电阻、压力继电器、热保护器、相序保护器是否正常来判断故障部位。如保护元件正常,说明故障在主控电路;如不正常,说明故障在保护电路。

(2) 采用替换法来区分故障点,如用新主控板换下旧主板后,故障现象消除,说明故障在主控电路;如替换后故障还存在,说明故障在保护电路。

(3) 利用空调器"应急开关"或"强制开关"来区分故障点,如按动应急开关后空调器能制冷或制热,说明主控电路正常,故障在遥控发射与保护电路;如按动"强制开关"后,空调器不运转,说明故障在主控电路。

(4) 观察空调器保护指示灯亮与否来区分故障点,如保护灯亮,说明故障在保护电路;如保护灯不亮,说明故障在主控电路。

(5) 对于无电源不显示故障,首先检查电源变压器、压敏电阻、保险管是否正常,如上述元件正常,说明故障在主控电路板。

(6) 测量主控板直流 12 V 与 5 V 电压是否正常,而空调器无电源显示也不接收遥控信号,多为主控电路故障(遥控器与遥控接收器故障除外)。

项目实施

定速空调器不起动故障检修(实例一)

故障现象:一台海信 KFR—5001GW 柜式定速空调器,接通电源后利用遥控器不能开机,蜂鸣器和显示屏均无反应,手动室内机应急开关也不能起动。

一、工作准备

(一)测量仪器仪表的准备

万用表、钳形电流表、电工维修工具一套。

(二)设备的准备

海信 KFR—5001 柜式空调器一台。

二、操作步骤

步骤 1:故障分析

接通电源后蜂鸣器和显示屏无反应,说明故障可能发生在电源电路上,因此要先检查室内机的电源电路部分是否有故障。

步骤 2:检测准备

对万用表进行机械和电气调零,断开空调器电源,打开室内机前盖板及电气控制板盒。

步骤 3:电气零部件的检测确认

首先用眼睛目测主控板上的 3 A 的保险丝管及压敏电阻,保险丝没有熔断,压敏电阻没有开裂现象;上电后,用万用表的交流电压挡分别测量电源变压器的初级输入和次级输出电压,分别为 221 V 和 10.5 V 均属正常范围;用万用表直流电压挡进一步测量整流桥堆后有直流 11 V 输出,而三端稳压管 LM7805 无输出电压,且发烫,因此初步确认为三端稳压管 LM7805 损坏。

步骤 4:故障排除

用电烙铁焊下此稳压管,更换上一个新的 LM7805 后,试机一切正常,故障排除。

三、注意事项

应严格遵守安全用电操作规程,带电测量时,事先确认表笔测量点,注意测量仪表的测量的电压性质及测量范围。新电子元件焊接时,电烙铁的功率不易太大,一般用功率低于 35 W 的电烙铁进行焊接,更换焊接后,全面检查电路后,方可通电试机。

四、评价标准

序号	考核内容	考核要点	配分	评分标准	扣分	得分
1	器具准备	按要求准备好工具与材料	1.5	准备完全正确得1.5分,否则不得分		
2	空调不起动故障检修	正确检修定速空调不起动故障	5	(1)万用表使用正确无误得1分,忘记调零扣0.5分,挡位选择错误扣0.5分 (2)电气零部件检测正确无误得2分,错误一处扣1分,直至扣完2分为止 (3)电气零部件更换无误得2分,每错误一处扣1分,扣完2分为止		
3	能正确回答老师提出的问题	正确复述操作注意事项	2	复述关键点一项错误扣0.5分,扣完2分为止		
4	安全操作	按照安全要求进行操作	1	能够按照安全操作规定进行操作得1分,否则不得分		
5	善后工作	按要求清理工作现场	0.5	善后处理及时,否则不得分		
	合计		10			

定速空调器制冷不停机故障检修(实例二)

故障现象:一台海信KFR-32GW/57D空调器,开机设定制冷运行温度为27℃,当室内温度已降低24℃后压缩机仍不能停机。

一、工作准备

(一)测量仪器仪表的准备

万用表、电子温度计、钳形电流表、电工维修工具一套。

(二)设备的准备

海信KFR-32GW/57D空调器一台。

二、操作步骤

步骤1:故障分析

根据定速空调的电子温控特点,空调器制冷运行时,当空调器测得的回风温度(即室内温度)小于设定温度1℃时,定速空调器压缩机即停机,待到室内温度升到比设定温度高1℃时,压缩机再开机运行。本机型采用电子温控控制压缩机启停,室内温度降到设定温度以下2℃还未停机,检测的重点为温度控制电路。其控制室内温度的传感器为5 kΩ(25℃时)的负温度系数热敏电阻。

步骤2：检测准备

对万用表进行机械和电气调零，断开空调器电源，打开室内机盖板，从室内机主控板上取下室内温度传感器；并用电子温度计测量室内实际温度。

步骤3：电气零部件的检测确认

用万用表欧姆挡测量拆下的温度传感器阻值，经测量为3.5 kΩ，测量室温为24℃，根据当前室温，负温度系统传感器正常阻值应大于5 kΩ才正确，现其阻值仅为3.5 kΩ，相当于室温传感器测到27℃以上的温度信号传给CPU，CPU因此没有发出停止压缩机运转的信号，压缩机照常运转制冷。故障初步确认为室温传感器故障。

步骤4：故障排除

找一只与阻值正常的室内温度传感器，更换到线路板上。接通电源试机，压缩机在室内温度比设定温度低1℃时停机，比设定温度高1℃时开机运行，故障排除。

三、注意事项

空调器温度传感器室内机有室温传感器和管温传感器，外观上不一样，管温的传感器末端用铜管封装包裹，插在室内换热器管壁外，而室温传感器放置在室内机回风经过处，两者的作用也不一样，不可混淆。

四、评价标准

序号	考核内容	考核要点	配分	评分标准	扣分	得分
1	器具准备	按要求准备好工具与材料	1.5	准备完全正确得1.5分，否则不得分		
2	空调不停机故障检修	正确检修定速空调不停机故障	5	(1) 万用表使用正确无误得1分，忘记调零扣0.5分，挡位选择错误扣0.5分 (2) 电气零部件检测正确无误得2分，错误一处扣1分，直至扣完2分为止 (3) 电气零部件更换处理正确无误得2分，每错误一处扣1分，扣完2分为止		
3	能正确回答老师提出的问题	正确复述操作注意事项	2	复述关键点一项错误扣0.5分，扣完2分为止		
4	安全操作	按照安全要求进行操作	1	能够按照安全操作规定进行操作得1分，否则不得分		
5	善后工作	按要求清理工作现场	0.5	善后处理及时，否则不得分		
	合计		10			

定速空调器开停机频繁故障检修(实例三)

故障现象:海尔 KFR-36GW/M(F)型空调器,开机制冷 15 min 左右,压缩机开始频繁启停,制冷效果差。

一、工作准备

(一)测量仪器仪表的准备

万用表、电子温度计、钳形电流表、电工维修工具一套。

(二)设备的准备

海尔 KFR-36GW/M(F)型空调器一台。

二、操作步骤

步骤 1:故障分析

该故障产生的原因可能为制冷系统故障,如因冷凝器散热不良或制冷剂充注过多等原因,造成冷凝压力过高,或压缩机缺少润滑油,使压缩机运行电流逐渐增大,造成压缩机过载跳开。也可能是压缩机电机电气故障,如压缩机过载保护器故障、运转电容器容量变小、压缩机绕组绝缘变差等故障,造成压缩机运转电流过大,使过载保护器动作,引起压缩机频繁启停现象。综上分析,应对空调器制冷系统和电气系统综合检测,查找故障。

步骤 2:检测程序

经开机检查,室外机散热良好;在低压阀上接上压力表,发现运行压力也在正常范围内;用钳形表测量运行电流,发现运行电流大约为额定电流的 2 倍(约为 17 A),压缩机外壳温度较高;停机切断电源,测量压缩机各绕组间电阻符合要求,绝缘电阻值大于 2 MΩ,用万用表欧姆挡测量运转电容,发现表针向右偏转,但偏转角度不大即回到无穷大位置。

步骤 3:电气零部件的检测确认

初步判断运转电容电容量下降,使运行电流过大,长时间运转导致过载保护器动作停机,随过载保护器温度下降,触点复位压缩机再次开机,重复上述过程再次停机,形成制冷效果差、开停机频繁的故障现象。

步骤 4:故障排除

将运转电容器拆下,更换一只同参数的电容器,接电后开机试运转,运行电流下降为 8.5 A,开机半小时未出现频繁启停现象,故障排除。

三、注意事项

引起上述故障的原因既有制冷系统方面的也有电气电路方面,应仔细全面区分,尤其是在认定压缩机电机故障时,更要认真测量分析后,再更换压缩机。电容器容量下降多是由于长时间使用老化造成的,一般要根据使用时间做判断,因为指针式万用表无法具体测出电容量下降多少,可结合替换法来进一步判别。

四、评价标准

序号	考核内容	考核要点	配分	评分标准	扣分	得分
1	器具准备	按要求准备好工具与材料	1.5	准备完全正确得1.5分,否则不得分		
2	空调开停机频繁故障检修	正确检修定速空调开停机频繁故障	5	(1) 万用表使用正确无误得1分,忘记调零扣0.5分,挡位选择错误扣0.5分 (2) 电气零部件检测正确无误得2分,错误一处扣1分,直至扣完2分为止 (3) 电气零部件更换处理正确无误得2分,每错误一处扣1分,扣完2分为止		
3	能正确回答老师提出的问题	正确复述操作注意事项	2	复述关键点一项错误扣0.5分,扣完2分为止		
4	安全操作	按照安全要求进行操作	1	能够按照安全操作规定进行操作得1分,否则不得分		
5	善后工作	按要求清理工作现场	0.5	善后处理及时,否则不得分		
	合计		10			